知识产权
系列教材

专利转移转化
案例解析

国家知识产权局◎组织编写

马天旗◎主编

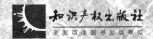
知识产权出版社
全国百佳图书出版单位

图书在版编目（CIP）数据

专利转移转化案例解析/国家知识产权局组织编写；马天旗主编. —北京：知识产权出版社，2017.1

知识产权系列教材

ISBN 978 - 7 - 5130 - 4468 - 4

Ⅰ. ①专… Ⅱ. ①国… ②马… Ⅲ. ①专利技术—技术转让—教材 Ⅳ. ①G306.3

中国版本图书馆 CIP 数据核字（2016）第 222422 号

内容提要

本书分篇章选取了来自不同专利权主体、技术领域，涉及国家的高校、科研机构、大型企业、中小型企业、个人、专利运营机构的专利转移转化案例，通过案例解析、效益分析、案例点评等方面对相关案例进行全面解读，对我国企业的专利管理工作具有一定的现实参考性。

责任编辑：卢海鹰　王玉茂　　　　　责任校对：谷　洋

版式设计：王玉茂　　　　　　　　　责任出版：刘译文

知识产权系列教材

专利转移转化案例解析

国家知识产权局　组织编写

马天旗　主编

出版发行：	知识产权出版社有限责任公司	网　　　址：http://www.ipph.cn
社　　址：	北京市海淀区西外太平庄 55 号	邮　　　编：100081
责编电话：	010 - 82000860 转 8541	责编邮箱：wangyumao@ cnipr.com
发行电话：	010 - 82000860 转 8101/8102	发行传真：010 - 82000893/82005070/82000270
印　　刷：	北京嘉恒彩色印刷有限公司	经　　　销：各大网上书店、新华书店及相关专业书店
开　　本：	787mm×1092mm　1/16	印　　　张：16.25
版　　次：	2017 年 1 月第 1 版	印　　　次：2017 年 1 月第 1 次印刷
字　　数：	270 千字	定　　　价：50.00 元

ISBN 978 - 7 - 5130 - 4468 - 4

国家知识产权教材编委会

《专利转移转化案例解析》
编委会

主　编：马天旗

副主编：

饶波华　　汪　勇　　修红义　　梁　鹏

章　乐　　许　翰　　张晓宇　　韩树刚

王　强　　周德东　　殷朝晖

编　委：

季　节　　王加莹　　吕荣波　　赵　军

张　乐　　张　洁　　孙建岐　　李晓娟

范丽芬　　张　佳　　史金彪　　张健东

孟祥岳　　刘斌强　　李　卉

序

党的十八届四中全会确立了依法治国的指导思想，并提出完善激励创新的产权制度、知识产权保护制度和促进科技成果转化的体制机制。30年来，我国知识产权事业取得了举世公认的巨大成就，党中央、国务院高度重视知识产权事业发展，在2014年11月5日召开的国务院常务会议上，再一次全面部署了加强知识产权保护和运用，努力建设知识产权强国，助力创新创业、升级"中国制造"各项工作。建设知识产权强国意义重大，这既是我国知识产权事业发展到现阶段的必然选择，也是我国转变经济发展方式、全面建成小康社会、实现中华民族伟大复兴中国梦的必然要求。

在知识产权强国建设中，知识产权人才发挥着重要的支撑作用。作为我国人才队伍中的一支新生力量，知识产权人才是发现人才的人才、保护人才的人才、激励人才的人才，是我国经济社会发展急需紧缺的战略性资源。可以说，实现创新驱动发展，人才是基础；建设知识产权强国，人才是保障。"十二五"以来，全国知识产权培训工作蓬勃发展，为我国知识产权人才培养奠定了坚实的基础。全国知识产权系统大力开展针对党政领导干部、企事业单位、高校和科研机构、知识产权服务业等各级各类知识产权人才举办培训，推动了全国知识产权培训工作科学化、标准化和体系化发展，产生了良好的社会效应。

知识产权教材建设是知识产权人才培养与培训的基础性工作，也是我国知识产权理论和实践成果的集中体现。国家知识产权局高度重视知识产权教材建设，自2012年启动教材编写工作以来，组织编写了一套具有权威性、实用性和系统性的精品教材，加强对企事业单位等实务型人才的培养，为知识产权人才培训提供服务。系列教材邀请了一批具有深厚学术功底和丰富实践经验的专家学者承担编写任务，同时广泛听取了各领域专家学者的意见建议，做到质量为先、字斟句酌。教材建设工作力求解决知识产权工作实际问题，推动我国知识产权人才队伍建设，为建设具有中国特色、具备世界水平的知识产权强国提供坚实的人才保证和智力支持。

申长雨

2014 年 12 月

前　言

2011 年，中国专利申请量已跃居全球第一位，成为名副其实的专利大国。在国家的大力推动下，我国已经有了巨大的专利存量，完成了专利资产的初始积累，但大而不强、多而不优的问题突出。如何激活专利资产，让专利资产转化为实实在在的经济价值已成为亟待解决的难题。

华为高级副总裁宋柳平先生曾指出，如果没有将这些专利转移转化为技术优势和/或现金流，就会成为企业、科研院所、个人等创新者们的巨大经济负担。从专利量上看，尽管国内企业和科研机构获得了不少专利，但这些专利并没有最大化地发挥价值，没有很好地通过产业化、商业化和资本化的方式让专利"变现"。亦如中南财经政法大学吴汉东教授所说："如今美国的知识产权交易特别是专利交易，一年所涉及的金额达数百亿美元，一件专利甚至可以达到数百万美元。但我国的专利交易额度非常有限，每件专利的平均交易额度仅为 2 万元人民币。"

2015 年 12 月 18 日，国务院下发了《关于新形势下加快知识产权强国建设的若干意见》（国发〔2015〕71 号），明确指出知识产权对我国经济增长和社会发展的贡献度不及美国、日本、欧洲等知识产权强国和地区。加强知识产权运用作为重要的着力点，是加快知识产权强国建设的当务之急。因此，有必要根据该意见的要求，积极探索知识产权运用的路径和方法，特别对一些典型的国内外较为成功的知识产权运用案例进行分析。

虽然我国的专利技术转移转化工作目前存在诸如核心专利缺乏、规模资金投入有限、制度政策保障不够、市场环境和法制环境不利等问题，但是无论我国的产业规模还是企业竞争力，都已步入积极参与全球市场竞争的发展阶段，专利价值应该得到有效释放，我国专利技术的转移转化需求与潜力巨大。

专利转移转化的推进模式主要有两种：一是以技术需求方为主动力的专利转移转化推进模式；二是以权利人为主动力的专利转移转化推进模

式。以技术需求方为主动力的专利转移转化推进模式是指一个专利技术转移转化项目由技术需求方率先发起，通过参加专利技术交易会以及在各种专利交易平台上主动搜索、寻求相关专利技术。以权利人为主动力的专利转化推进模式是指一个专利技术转移转化项目由专利申请人或专利权人主动发起，寻求专利许可、合作入股或专利质押等。

在上述专利转移转化推进模式的框架下，专利技术转移转化的方式层出不穷，如专利自实施、专利许可、专利联营、专利转让、专利诉讼以及专利担保、专利质押、专利信托、专利证券化等投融资方式。

不管采取何种模式，我国专利技术转移转化的主体主要涉及高校和科研机构、大型企业、中小企业（个人）、专利运营机构、军工企业等。高校和科研机构的专利转移转化一直是业界关注的焦点，在《促进科技成果转化法》修订等一系列重大改革举措推动下，高校、科研机构的专利转移转化工作必将驶入快车道。虽然总体上我国大企业在知识产权的储备与运用、知识产权高端人才等方面有所欠缺，但也有联想、中联重科等企业瞄准国际水平作出知识产权储备等方面的探索，其经验同样值得挖掘和推广。大众创业、万众创新已经成为时代强音，中小企业和创业者在快速成长和创新中，对于做好专利转移转化同样有着迫切的需求。我国的国防知识产权亦取得了丰硕成果，出台了国防领域专利转移转化和军民融合发展的一系列政策和举措，但转化率仍然不高，亟须探索国防领域的专利运营模式，以破解实践中的共性瓶颈和难点问题。专利运营机构作为科技服务业的重要组成部分，在专利转移转化的"生命历程"中，承担着为生命体构建"骨骼"和输送"血液"的使命，成为经营专利资产并充分激发其市场价值的关键要素。

本书以对不同形式专利技术转移转化的各类主体的梳理为经，以案例解析为纬，构建相应的脉络，方便各类读者群迅速找准适合自己的专利运营模式。同时，本书对每个案例的专利转移转化模式都进行了较为深入的解读和分析，并专门组织有关专家对每个案例进行点评，便于读者消化吸收案例中的亮点。本书最后的附录，对近年来国家发布的与专利转移转化有关的法律法规、部门规章、地方特色规定等文件进行了梳理，以方便读者在阅读案例的同时能顺手查阅到相关宏观政策和法律法规。

在本书的撰写过程中，马天旗（工作单位为国家知识产权局专利局机械发明审查部）负责全书统稿、校对、案例撰写及筛选、案例点评、篇章布局、前言、后记等工作；饶波华（工作单位为国家知识产权局专利管理司)、汪勇(工作单位为国家知识产权局保护协调司)负责案例撰写、案例点评和组织联络等工作;修红义(工作单位为北京新发智信科技有限责任公司)、梁鹏(工作单位为华中科技大学专利中心)负责案例撰写和案例点评工作;章乐(工作单位为中国技术交易所)、许翰(工作单位为北京知识产权运营管理有限公司)负责案例撰写和组织联络工作;张晓宇(工作单位为清控科创控股股份有限公司技术转移中心主任)、韩树刚(工作单位为国家知识产权局专利局专利审查协作河南中心)、王强(工作单位为中央军委装备发展部国防知识产权局)、周德东(工作单位为国家知识产权局专利局专利审查协作河南中心)、殷朝晖(工作单位为国家知识产权局专利局专利审查协作河南中心)负责案例撰写和统稿工作;王加莹(工作单位为烽火通信科技股份有限公司,中兴通讯股份有限公司原总工程师)、刘斌强(工作单位为北京优赛诺科技有限公司)、吕荣波(工作单位为知识产权出版社有限责任公司)、张洁(工作单位为国家知识产权局专利局初审及流程管理部)、孙建岐(工作单位为中国国际海运集装箱集团股份有限公司)、李晓娟(工作单位为中国科学院计算技术研究所)、范丽芬(工作单位为清控科创控股股份有限公司技术转移部总监)、张佳(工作单位为清控科创控股股份有限公司技术转移部业务专员)、史金彪(工作单位为内蒙古第一机械集团有限公司)、张健东(工作单位为第二军医大学转化医学研究院)、孟祥岳(工作单位为国家知识产权局专利局专利审查协作河南中心)、李卉(工作单位为国家知识产权局专利复审委员会)负责案例撰写工作;季节(工作单位为横琴国际知识产权交易中心有限公司)负责组织联络及后期统稿工作;赵军(工作单位为360公司)、张乐(工作单位为北京知识产权运营管理有限公司)负责案例点评工作。

本书书名中的专利转移转化实指专利权的转移和技术的转化,便丁同行业人员理解,在此进行说明。

最后,感谢国家知识产权教材编委会的各位领导及专家给本书出版提供的宝贵的指导意见。并感谢专利管理司雷筱云司长、专利管理司综合处胡军建处长给本书提供的审稿意见。

目　　录

高校科研机构篇

篇 首 语

实施创新驱动发展战略，创新是源头，驱动是关键。高校和科研机构作为我国创新体系的重要组成部分，是创新的高地。如何使以专利为主的创新成果从"创新高地"更好更快地流向产业应用，是形成驱动力的核心。因此，高校、科研机构的专利转移转化工作是强化知识产权运用，保障创新驱动的关键环节，值得深入研究、扎实推进。

2014年10月，财政部、科技部、国家知识产权局下发《关于开展深化中央级事业单位科技成果使用、处置和收益管理改革试点的通知》，为高校和科研机构科技成果转化作出改革探索。2015年3月，中共中央、国务院印发《中共中央　国务院关于深化体制机制改革加快实施创新驱动发展战略的若干意见》更是作出全面的顶层设计和改革部署，提出"让知识产权制度成为激励创新的基本保障"，并要求"加强高等学校和科研院所的知识产权管理，明确所属技术转移机构的功能定位，强化其知识产权申请、运营权责"，为今后高校和科研院所专利转移转化工作指明了方向。2015年8月，第十二届全国人大常委会第十六次会议通过《促进科技成果转化法》修订案，新增的第10条要求："……在组织实施应用类科技项目时，应当明确项目承担者的科技成果转化义务，加强知识产权管理，并将科技成果转化和知识产权创造、运用作为立项和验收的重要内容和依据。"在一系列重大改革举措推动及法律促进下，相信高校、科研机构的专利转移转化工作必将驶入快车道。

高校和科研机构的专利转移转化一直是业界关注的焦点。一方面高校和科研机构沉淀了大量的专利，另一方面企业对科技成果有强烈的需求。目前，高校和科研机构的专利技术转移和产业化仍然普遍存在巨大的"鸿沟"。虽然"鸿沟"的形成有多方面的原因，但是随着大众创业、万众创新，科技成果转化和知识产权运营的相关配套政策措施的逐步落实，"鸿沟"变"通途"的案例将越来越多。

本部分选取了9个高校、科研院所的专利转移转化案例，兼顾不同主体、不同领域和不同特点，以探究专利转移转化的各类模式，以期为研习者带来更多的启示。其中，国内科研院所案例 4 个，均为中国科学院的研究所，涵盖了不同技术领域，涉及传统制造领域的铸造加工、新兴的生物化工领域和新能源领域的储能技术，也涉及了计算技术研究所的专利拍卖等转化新模式；国内高校案例 2 个，一个是实力较强的部属高校大连理工大学，另一个是特色型地方院校桂林电子科技大学；国际转移案例 3 个，涉及英国和爱尔兰的高校或科研机构，包括空调、草莓品种、食品加工等技术。

1 中国科学院金属研究所高品质宽厚钢板板坯专利合作转化案例

一、中国科学院金属研究所专利转移转化概况

中国科学院金属研究所（以下简称"金属所"）成立于 1953 年，是新中国成立后中国科学院创建的首批研究所之一。经老一辈科学家和几代人的不懈努力，金属所现已建设成为材料科学与工程领域国内一流并具有重要国际影响的研究机构，是我国高性能材料研究与发展的重要基地。1999 年 5 月，根据中国科学院实施"知识创新工程"的战略部署，金属所与中国科学院金属腐蚀与防护研究所整合建立新的"中国科学院金属研究所"，成为涵盖材料基础研究、应用研究和工程化研究的综合型研究机构。金属所的主要学科方向和研究领域包括：纳米尺度下超高性能材料的设计与制备、耐苛刻环境超级结构材料、金属材料失效机理与防护技术、材料制备加工技术、基于计算的材料与工艺设计，以及新型能源材料与生物材料等。❶

近年来，金属所承担并高质量完成了载人航天、大飞机、航空发动机、跨海大桥、高速铁路、三峡工程等重大工程中的关键材料技术攻关任务，解决了战略性的材料技术难题，在纳米金属材料、生物医用金属材料、碳纳米材料等领域涌现了一系列国际领先的原创性成果，形成了一批具有重大市场价值的核心知识产权。2014 年，金属所共申请专利 272 件，其中发明专利 246 件；已获得授权专利 209 件，其中已获得授权发明专利 169 件。

专利的转移转化离不开产学研合作的快速发展。2014 年，金属所与地

---

❶ 中国科学院金属研究所简介［EB/OL］．（2015 – 03 – 11）［2016 – 05 – 30］．http://www.imr.cas.cn/gkjj/skjj.

方政府、企业签订产学研合作合同共计997份，合作企业近400家并遍布全国，涉及装备制造、新能源、钢铁冶金、石油化工、有色金属加工、医疗卫生、轨道交通等重点行业；合同金额48193万元，比2013年增长20%，近3年年均增长20%。其中，以专利转让和许可方式进行转化的技术项目数量达43个，合同金额近7000万元，主要包括"扭曲片管强化传热技术""生物医用材料""大型铸锻件"及"非晶合金"等多个项目，为解决行业关键技术难题、推动制造业升级发展作出了重要贡献。

随着专利申请日益频繁和专利转移转化日趋活跃，金属所出台了《国防专利管理办法》《专利工作管理规定》《保护知识产权的规定》等一系列知识产权管理文件，加强知识产权管理与运营。通过知识产权管理流程的规范化、系统化和信息化，知识产权的质量控制工作得到充分的保障，对于一些可能取得突破的重大技术，在知识产权申请阶段即介入，协助科研团队进行知识产权保护策划，有力地促进了科技成果转化。

二、高品质宽厚钢板板坯专利合作转化背景

武器装备常常是催生技术发展的动力，最初由于建造战舰、航空母舰等新式武器的需要，对钢板的质量、强度以及厚度等要求越来越高，宽厚板技术获得迅速发展。随着应用范围越来越广以及军民融合项目的推进，宽厚板技术逐步向民用扩散。以石化领域的宽厚钢板为例，中石化每年需要价值80亿元的压力容器部件，其中90%以上的压力容器是板焊结构，需要厚度为100~260mm的特厚钢板。

作为重大工程的基础母材，大型宽厚钢板板坯的应用范围已经涵盖石化压力容器、高端模具、海洋工程、冶金机械、桥梁建筑等多个民用与国防领域。由于对铸坯芯部的质量要求高，常规连铸和模铸钢锭无法满足使用要求，我国特厚钢板一直依赖从德国迪林根、法国阿赛洛、日本JFE进口，价格十分昂贵，如海洋平台齿条钢达1万欧元/吨，压力容器板达2万~7万欧元/吨。目前，生产厚度大于150mm的优质特厚钢板需要厚度大于500mm的特厚板坯。一旦板坯厚度增加，将加重偏析、缩孔疏松等冶金缺陷，优质特厚板坯制备技术成为制约我国特厚钢板生产的瓶颈。据估算，我国特厚钢板的市场需求在500万吨/年以上，年产值近千亿元，国产化意义重大。因此，开发宽厚钢板板坯制造装备和技术，生产优质大板坯，不仅可满足国家战略需求，而且具有巨大的市场前景。

金属所的材料加工模拟研究部被称为"可视化铸锻"团队，现有科研与技术人员30名，其中院士1名，研究员4名，中高级职称人员16名，在读硕士与博士研究生40名。通俗地讲，"可视化铸锻"是以计算机模拟的方式"观察"金属材料加工过程，包括铸造、锻造、轧制、焊接及热处理等，通过计算温度场、流场、应力场等各种物理场量，预测材料加工过程的成形缺陷、组织及性能等，优化材料加工工艺。宽厚钢板板坯制备专利技术就是由这支"可视化铸锻"团队成功攻关，按照"先研发，后转化"的策略进行技术攻关储备与转移转化。前期，材料加工模拟研究部投入大量骨干科研人员，针对宽厚钢板板坯轧机坯料进行攻关，先进行成套技术研发，利用计算机模拟验证工艺可靠性，并多次开展中试验证，逐步优化从而掌握全套专利技术。

三、高品质宽厚钢板板坯专利合作转化过程

（一）走出实验室，继续中试路

金属所经过多年研究，于2012年9月自主攻克了宽厚钢板板坯的制造装备和技术，成功试制出40~60吨级、厚度为900mm的高质量宽厚钢板板坯。经系列检测，产品内在质量满足工程使用要求，材料利用率较传统方法提高10%以上，生产效率提高近1倍，有利于节能降耗增效，对于整个金属大铸坯制造具有重大意义，称得上革命性创新。

虽然市场前景广阔，但金属所并未急于向企业伸出橄榄枝，而是继续中试验证，将技术熟化。研究团队自行设计了制造模具，同时通过采购鞍钢重型机械有限责任公司的钢水，借助企业生产车间进行技术中试验证，进而对中试生产的坯料进行试轧和检验，初次实验取得了圆满成功。为了保证技术的可靠性和稳定性，研究团队相继投入科研经费数百万元，组织进行了第二次和第三次中试验证，并逐步优化，从而掌握了全套核心技术。与常规工艺生产宽厚板产品相比，该专利技术具有材料利用率高、钢材纯净度高、内部组织致密性高等核心优势。

针对该项技术，研发初期即进行了专利的培育。针对技术依托的行业进行了现有专利调研，在充分参考总结现有技术优劣以及产品质量现状的基础上，分析了水冷厚板坯、电渣重熔厚板坯以及复合成形厚板坯的优缺点，制约其发展的根本性症结，从而提出了高效率、低成本地进行优质宽

厚板坯制备的核心技术。金属所在掌握全套核心技术的基础上制定知识产权保护策略，进行专利申请与布局。为了最大限度地保护好创新成果，围绕该项技术的各个关键环节做到了专利保护全覆盖，自 2010 年 12 月申请首件专利以来，总计申请相关专利 20 余件，比如，在锭模设计、钢水准备、浇注工艺、冷却方式、脱模方式以及辅助工装与工艺等方面均进行了专利申请，尤其是独特的锭模设计，不同材质的脱模与冷却方式等关键创新点，进行了重点的、严密的专利保护。

（二）一朝落地，牵手苏南

1. 有女长成嫁与谁

经过数年的技术攻关和中试验证，高强度宽厚钢板板坯的成套技术"待字闺中"，找个配得上的好"婆家"是大家的愿望。为了最大限度地实现专利价值，金属所先后找到了 3 家企业，一家国有企业 A，两家民营企业 B 和 C。国有企业 A 上下游配套完善，产业链条长，对该项技术具有足够的承接能力，但其决策效率低，技术敏感度差。民营企业 B 正值扩产增容，谋划上市阶段，注入该项技术有很好的推动作用，但其硬件能力偏弱，技术承接存在一定难度，更重要的是，企业只想将引入该项技术作为上市的题材，并未准备充分转移转化该项技术。最终成为"乘龙快婿"的民营企业 C，无论从硬件上还是从软件上均具备很强的承接能力，而且在制造业转型升级的契机下，可以充分发挥该项技术的潜力，将宽厚钢板板坯产品由轧钢领域拓展推广到锻造领域，一定程度上超出了研究团队预期。

总的来说，该项技术的市场前景在业内是有目共睹的，只要产品质量有保障，辅之足够的市场开拓能力，项目势必有很大的收益。通过综合考虑地域性、企业的承接能力以及后续市场的覆盖面，最终决定将宽厚钢板板坯成套制备技术向民营企业 C——江苏苏南重工机械科技有限公司进行转化。

2. 齐心赴约诞成果

2012 年 10 月 25 日，由金属所与江苏苏南装备集团合作成立了金属所国家技术转移中心江苏分中心。据报道，❶ 江苏分中心的成立，将充分整合金属所的技术、人才优势和苏南装备集团的设备、资金等优势，共同研

---

❶ 中科院金属研究所牵手苏南装备集团 [EB/OL]. [2016 – 05 – 30]. http://www.snegroup.cn/news/86.html.

究开发国家重大装备关键部件的材料及加工工艺，同时与乌克兰相关研究所合作开发特殊用途高端铸锻件，带动常熟及周边地区铸锻件制造企业的技术进步，服务区域经济发展。

2012年12月，金属所与苏南重工机械科技有限公司签订总金额高达3亿元的"高强度宽厚板坯产业化项目"合作协议。这份技术产业化合作的协议只是开端，不久之后，2013年1月18日，金属所与江苏苏南重工机械科技有限公司签署战略合作协议，将双方的合作向纵深推进。❶ 同时，金属所与江苏苏南重工机械科技有限公司的合作深入但不封闭，2014年6月，实力雄厚的济钢集团同样看好该项技术，与江苏苏南重工机械科技有限公司、金属所签署特厚钢板生产与研发战略合作协议，就特种宽厚钢板的市场开发、产品研制和生产、市场营销、技术合作、知识产权保护等方面开展战略合作，明确在未来5年内，达到年生产和销售10万吨特种宽厚钢板的能力。❷

作为重大科技成果转化项目，同样引起了当地科技主管部门的关注。2014年10月，江苏苏南重工机械科技有限公司900mm以上高强高韧特种宽厚板坯的研制及产业化被列入江苏省2014年第一批科技成果转化专项资金项目，获专项扶持资金1200万元，为项目加快完成"雪中送炭"。❸ 2015年2月，常熟市电视台播出一则新闻，❹"由江苏苏南重工机械科技有限公司与金属研究所联合研发的一种高强高韧特种宽厚板坯项目进入量产阶段，将有效带动国内整个装备制造产业的提档升级"，宣告高强度宽厚板坯技术走过了产业化的漫长过程，终于瓜熟蒂落，走向市场了。

（三）拓宽市场路，研发不止步

与江苏苏南重工机械科技有限公司的结缘合作仅仅是产业化的第一步，这项重大的技术革新应该带动全行业的升级发展，全面提高国产化率。在合作初期，金属所的团队深入一线，与企业深度对接，对生产的每

---

❶ 中科院与苏南重工签约战略合作协议［EB/OL］．［2016 - 05 - 30］．http：//www. snegroup. cn/news/85. html.

❷ 济钢集团 - 苏南重工 - 中科院金属所三方签署特厚板战略合作协议［EB/OL］．［2016 - 05 - 30］．http：//www. snegroup. cn/news/116. html.

❸ 苏南重工特种宽厚板坯项目获省千万元专项资金扶持［EB/OL］．［2016 - 05 - 30］．http：//www. js. chinanews. com/news/2014/1103/98488. html.

❹ 苏南重工打破国外垄断，特种宽厚板实现国产化［EB/OL］．［2016 - 05 - 30］．http：//www. 21cs. cn/video/? id = 525093.

一个产品进行跟踪指导，确保技术落地，同时，利用自身技术优势协助企业尽快开拓市场，推广新产品，帮助企业争取市场份额。

目前，金属所与工业部门密切合作，优质宽厚板坯项目研制工作取得了重要进展，已完成海洋平台齿条板（型号：A517GrQ）、压力容器板（型号：16MnCr5）、水电厚板（型号：S355J2）、模具用特厚板（型号：5CrNiMoV、1.2311钢、P20）、工程机械用厚板（型号：Q235）等多种类型宽厚板的产品开发。检测结果表明，宽厚板制备技术能够满足上述领域产品的使用要求，可提供20~60吨级、厚度为900mm的优质厚板铸坯。同时，还设计了38吨、43吨、48吨、53吨和58吨五类新概念模铸宽厚板坯锭型；经过冶炼—铸锭—锻造/轧制—热处理工艺路线生产出的特厚钢板产品厚度规格可覆盖150~900mm，宽度规格可覆盖500~3000mm。截至2014年年末，已经实现了模具钢、工程机械用钢的批量供货，销售业绩近2000吨，新概念模铸宽厚板坯已成功供货鞍钢、兴澄特钢、沙钢等钢铁企业，特厚钢板产品成功供货奥钢联、济二机床等企业。同时，水电用钢、容器用钢和海工钢已研发成功，具备供货条件。

四、高品质宽厚钢板板坯专利合作转化模式分析

金属所高品质宽厚钢板板坯产业化项目经过短短两年左右的时间就实现了量产，并完成多种规格和用途的产品开发，主要得益于专利技术转移双方全面战略合作的模式（见图1-1-1）。首先，在专利技术转移之前，金属所的研发团队经过多次中试，不断优化工艺，最大限度保护知识产权，形成成熟的成套技术，为后期快速产业化奠定了基础；其次，与合作企业之间建立全面战略合作关系，双方共同开展技术市场营销和政府项目申请，获得江苏省科技成果转化专项资金1200万元的支持，为加速实现产业化增添动力，同时，引入济钢等新的战略合作伙伴，打开产品市场。

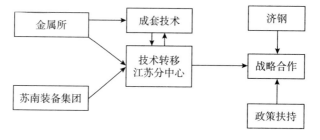

图1-1-1 专利技术转移模式流程

五、案例亮点及收益分析

综合分析该案例，核心亮点主要体现在以下两个方面。

（一）注重技术熟化和获取知识产权

首先，该技术突破了传统工艺思想，从根本上解决大断面宽厚钢板板坯的致密性问题，切实提高了材料利用率，不仅有利于提高质量，而且大幅度降低成本。这是该技术得以成功推广和产业化的基础。其次，在技术研发过程中充分考虑了生产实际，通过多次中试，使技术熟化，为技术研发后的转化奠定了基础。研发过程既结合生产实际，又不依赖于企业，通过自投经费、独立研发，委托企业进行中试，从而控制全部知识产权，这与以往通常采用的同企业合作开发、合作申报知识产权的模式有所区别，而对知识产权的完全把控是后续转移转化阶段获得长足收益的保障之一。

（二）创新与企业的合作模式

以往的专利成果转移转化基本采用合同制，或者专利技术独家转让后不再进行后续技术服务。而该案例考虑到短期内企业的自身困难和双方的合作契合度，最终确定了全方位战略合作框架下的科研经费加产值分成的合作模式。一方面，全方位战略合作，可以围绕该专利技术全面提升企业的研发能力和技术水平，使得企业能够长足收益；另一方面，企业技术实力的全面提高，也有利于该专利技术的二次开发和广泛使用，属于双方互惠互利模式。同时，科研经费与产值分成的模式不但保证了研发团队的现有收益，也充分考虑了承接企业的资金流。通过产值分成的形式获得技术收益，调动了研发团队与企业共同的积极性，并将技术转移转化的重心由技术输出延伸到生产管理、质量控制和市场开拓，无论是对企业还是对研发团队都大有裨益。

 案例点评

金属所高品质宽厚钢板板坯专利技术能够顺利执行转移转化过程，主要受到以下两点因素的积极影响：一是通过综合考虑地域性、企业的承接能力以及后续市场的覆盖面，选择了与金属所自身最为契合的企业开展合作；二是在产业化推广的实际操作阶段，采取譬如设立区域技术转移服务机构、与合作企业签署战略合作协议、积极引进新的合作伙伴、争取政府科技成果转化专项资金资助、为合作企业提供后续技术服务、二次开发专利技术等多种形式和不同层面的灵活配套措施，确保该项目最终取得令人满意的转移效果。

尤其是，对于一些涉及新材料、新设备的前沿技术领域，其实施往往需要巨大的资金投入并存在一定风险，导致在现实中仅仅依靠科研院所及其合作企业的自身投入难于满足产业化推广需求。在此情况下，政府相关部门的专项扶持和资金资助就显得尤为重要。从全球范围来看，多个国家政府均设立有支持专利技术转移的计划或项目，如1992年英国政府发起的商业连接计划（Business Link），该计划需要科研机构和企业共同申请，合作承担项目；又如美国商务部在2010年宣布的"i6挑战计划"，旨在通过驱动创新与创业以及建立强大的公私合作伙伴关系，促进创新技术进入市场。我国各级政府同样出台有助于促进专利技术转化的相关政策，如杭州市2003年出台的《杭州市产学研合作项目专项资金资助管理办法》，广东省2014年出台的《2014年广东省协同创新与平台环境建设专项资金（产学研合作项目）申报指南》等。

在此情况下，考虑到我国专利技术转移转化尚处于起步阶段，建议政府相关部门应进一步加大对产学研合作项目产业化推广的支持；国内科研院所则可以结合自身优势技术方向和行业特点，积极争取来自政府的专项资金资助，同时在产业化推广过程中与合作企业积极开展多种形式的全方位合作，由此既可避免专利技术一转了事、后续乏力的窘态，同时也有利于与合作各方形成良好的资源互补态势，有效激励后续研发和继续扩展产业化。

2 中国科学院过程工程研究所丁醇专利借助技术网络转化案例

一、中国科学院过程工程研究所专利转移转化概况

中国科学院过程工程研究所（以下简称"过程工程所"）前身是1958年成立的中国科学院化工冶金研究所。多年来，其研究范围逐步扩展到能源化工、生化工程、材料化工、资源环境工程等领域，学科方向由"化工冶金"发展为"过程工程"，遂于2001年更名。过程工程所的发展规划被形象地称为"一三五"战略，即"一个定位""三项突破"和"五大方向"。"一个定位"是指定位于大规模资源转化利用及替代的绿色过程的基础与应用研究，建立资源高效转化或替代的过程工程研究平台；"三项突破"是指多尺度放大调控及其重大应用、矿产资源高效清洁转化利用技术、生物过程关键技术与装备；"五大方向"则是对煤热解及油气综合利用、生物过程强化与集成、绿色化工及污染控制技术、非常规介质催化与过程节能、功能材料化工及太阳能利用多个优势研发方向的统称。❶

过程工程所目前共有包括4名院士在内的近600名职工。近5年，过程工程所硕果累累，获得国家自然科学奖、国家科技进步奖和国家技术发明奖共计7项，省部级奖励70余项。过程工程所的技术转移工作同样成绩斐然，已建立了覆盖全国、共计110个平台节点的技术转移服务网络，与全国200余个地级市建立了联系，其中与103个地级市、21个育成中心建立了长效联络机制；此外，还与多家行业龙头企业建立了长期的技术合作关系，与多家创业投资公司结成了战略合作伙伴关系。2011年，过程工

---

❶ 中国科学院过程工程研究所［EB/OL］.［2016 - 05 - 30］. http：//www.ipe.cas.cn/gkjj/jgjj/.

所被科技部认定为"国家技术转移示范机构"。近5年来，签订技术合同总金额9.2亿元，到款4.9亿元；专利许可转让累计收入8168万元。2014年，技术转移合同总金额2.2亿元，到所经费1.36亿元，位列中国科学院系统榜首；其中专利普通许可6项、入股4项、专利技术转让4项，专利转移转化总额2400万元，同样在中国科学院系统内名列前茅。

过程工程所知识产权工作起步较早，形成了较为完善的知识产权管理体系，包括知识产权资助与奖励制度、知识产权专员专项津贴和年度考核制度等。早在2007年，过程工程所就成立了专门的知识产权办公室，目前有3名博士专职从事知识产权管理工作。近年来，过程工程所专利创造、保护与运用水平显著提升，2013年获评"北京市专利示范单位"；2015年获批"国家专利审查员北京实践基地"。截至2014年底，过程工程所共有专利申请2695件，其中发明专利申请2521件，国际专利申请（含PCT申请）134件；授权专利1493件，其中国内发明专利授权1315件，国外专利授权29件，有效专利1000余件。2014年全年共申请专利360件，其中国际专利申请（含PCT申请）40件；共计授权专利266件，其中国外专利授权5件，发明专利授权量位列全国科研机构前五名，中国科学院系统第二名。

二、生物质丁醇专利技术转化背景

丁醇因其具有的良好可燃易燃特性，可用作燃料等能源产品，一般通过化石原料合成。随着世界石油供应的日趋紧张，通过生物基材料制取生物燃料的技术呈快速发展势头。2012年国家能源局颁布的《生物质能发展"十二五"规划》明确指出要大力发展生物质能源，推进先进生物质能源综合利用产业化示范。目前，生物乙醇制备技术已经成熟，应用广泛，发展前景良好，而生物丁醇以其良好的水不溶性、高热比，被认为是比生物乙醇更具有应用前景的第三代生物燃料。从国内外形势来看，传统的利用玉米淀粉作为丁醇发酵原料来解决用量很大的燃料问题显然是不现实的。我国具有丰富的秸秆资源，开发以秸秆发酵燃料丁醇为龙头产品的秸秆炼制关键新技术具有十分重要的意义。

2004年，43岁的过程工程所陈洪章研究员担任秸秆生物质转化国家"973计划"项目首席科学家，从此开启了长达10年的研究攻关。经过长期不懈的努力，研究团队不仅取得了多项重大技术突破，同时也产生了一大批专利成果。研究团队的研究重点是以秸秆为代表的大宗生物质转化为各种产品的过程工程，并从制约产品经济性的技术瓶颈入手，重点探索汽爆预处理技术、固态发酵技术、一种物料多种产品的生化炼制技术，实现秸秆等生物质资源的高值化利用。2009 年至今，共承担国家"973 计划""863 计划"等项目 25 个，承担企业委托或技术转让项目 26 个；发表相关学术论文 267 篇，撰写或合著专业书籍 28 部，获得国家级和省部级奖励达 14 项。此外，共计申请国内专利 201 件，并且获得授权 158 件。对全球纤维素丁醇领域的专利进行检索分析也可以发现，专利申请量最多的是丹麦诺维信（NOVOZYMES）公司（33 项）；荷兰帝斯曼（DSM）公司（27 项）和美国希乐克公司（27 项），并列第三位；过程工程所以 29 项专利的申请数量位列全球第二位，在国外巨头环伺的热门领域占据了一席之地。

三、生物质丁醇专利技术转化过程

（一）突破技术与经济的两难

过程工程所研究团队在秸秆原材料预处理方面做了大量的研发工作，针对秸秆等木质纤维素难以转化的难题，创造性地提出了"面向原料、面向过程、面向产品"的生物质炼制工程理念：第一，基于秸秆生物质原料，发明清洁、高效的组分选择性拆分炼制技术，揭示了破除天然纤维素抗降解屏障作用机制；第二，选育出同步发酵木糖、葡萄糖，具有耐受抑制物的工业发酵菌株；第三，创建了秸秆先固相强化酶解解聚 – 后同步糖化全糖发酵新工艺，可在 400m³ 工业规模发酵装置上稳定运行；第四，构建出秸秆乙醇和丁醇、车用压缩生物天然气（CNG）、全木质素热塑材料等多元产品的产业化秸秆炼制技术路线，并组建出与万吨级秸秆酶解发酵乙醇和丁醇技术体系相配套的自主加工的工业化装置系统。相应地，不仅可有效实现秸秆原料组分的全利用，而且突破了秸秆发酵乙醇和丁醇的技术难题和经济难题。

从 2006 年开始秸秆炼制乙醇中试示范，到 2009 年进行秸秆炼制丁醇中试示范，生物质丁醇技术逐步从机理理论、工艺装备走向了产业应用。2014 年，"万吨级秸秆丁醇产业化技术"和"万吨级秸秆乙醇产业化技术"两项技术成果通过了中国科学院组织的专家鉴定。在中国科学院长春分院组织的成果鉴定会上，与会专家提出如下鉴定意见："万吨级秸秆丁醇产业化技术建立了秸秆全组分高效转化的配套工艺体系，突破了秸秆丁醇的产业化技术，在世界上首次实现了万吨级规模化连续生产、经济运行，具有重要的示范和推广价值，创新性强，具有自主知识产权，技术成果达到了国际领先水平。"

（二）借力产业技术情报与技术转移网络

依托于遍布全国的技术转移服务网络，过程工程所通过召开领域专利技术发布会、企业实地调研考察等方式，积极推动专利技术的转移转化。

2015年，为促进生物质炼制领域新技术的转移与扩散，加速生物质炼制产业提质增效，过程工程所与中国科学院文献情报中心联合主办了"生物质炼制产业技术情报专题发布会"，邀请地方政府、企业、投资机构、行业协会等的领导、专家和企业家等参加，通过宣传发布开展技术对接，有效推动生物质炼制领域知识产权运营和技术转移转化。

在庞大的技术转移网络的帮助下，吉林省松原市的来禾洛克利生物化学有限公司进入了过程工程所的视野，双方达成超过1000万元的专利及技术秘密许可协议，共同建成了30万吨/年秸秆炼制生产线，是目前世界上率先实现产业化的规模最大的秸秆生物炼制生产装置。

（三）推动知识产权与技术转移的融合

过程工程所将知识产权运营融入基础研究、应用研究、工程化研究和技术转移转化的整个研发与产业化链条的全过程，开展涵盖专利检索分析、市场调研分析、技术发展趋势分析等的产业情报分析，通过技术专家、市场专家、知识产权法律专家等联合评估诊断，为项目部署及产业化开发提供决策参考。

过程工程所生物质创新团队与知识产权办公室（设在过程工程所科技开发处）通力合作，积极引入外部情报分析专业资源，在项目的早期就进行了产业和专利情报分析，并注重专利成果的分析挖掘和整体布局工作。早在2002年，即整体布局了11件涉及固态发酵技术的专利组合，其中1件核心专利还同时布局了美国专利申请；接着，2009年与来禾洛克利生物化学有限公司共同申请了8件专利组合，涉及秸秆汽爆预处理及糖化发酵技术方向；此外，在2010年还提交了16件仿生发酵反应器及其应用的系列专利组合等。

过程工程所将专利保护全面融合于技术研发的整体过程，经专题讨论、检索评估、方案设计等操作，就一系列关键技术形成"核心专利＋外围应用专利"的有效组合，强化了专利保护的力度和质量，并随着项目进展，进行动态检索分析和预警，始终保持了技术的先进性和及时高效的专利保护。特别值得一提的是，核心技术"固态发酵技术"总计申请了75件专利以实现全面保护。另外，针对该领域的国内外现有专利检索可以发现，过程工程所申请的专利数量和已授权专利数量都是最多的。例如，气相双动态固态发酵技术，通过周期性的强化气体运动来调节固态发酵过程中的微生物代谢及系统的传质传热技术，可实现纯种发酵、大规模发酵及其工业化应用，目前已成功应用于生物农药、生物肥料、酶制剂等工业化生产。该专利技术在2012年获得了中国专利金奖。

四、生物质丁醇专利转移转化模式分析

就生物质丁醇项目而言，过程工程所采取的是典型的专利许可与技术联合开发相结合模式，通过技术合作开发的模式产生了9件共有专利。该案例转移转化模式（见图1-2-1）有三个特点。一是以企业为主体。在项目孵化期就依托过程工程所的科技服务网络资源，建立起与企业的产学研合作关系，以企业为主体进行专利技术的实施与转化，加速科技成果产业化的进程。二是有效的技术转移网络。过程工程所建立了遍布全国的技术转移网络，通过专利技术发布会等形式，推动专利技术与需求方对接。三是知识产权全过程管理。知识产权评估咨询中心深入创新团队的重大项目，从创新源头助力专利质量的提升，通过专利挖掘和质量把控，产出高价值的专利组合，通过技术现状与发展趋势分析、技术生命周期分析、市场中竞争技术现状及其发展动态分析等，制订与实施适合该项目成果产业化的知识产权经营模式。

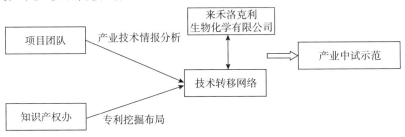

图1-2-1　专利技术转移模式流程

五、案例亮点及效益分析

依托生物质丁醇专利技术，来禾洛克利生物化学有限公司在吉林省松原市建成了 30 万吨/年秸秆炼制工业技术体系生产线，首次在国内外实现了秸秆半纤维素水解液发酵丙酮丁醇，并联产秸秆纤维素和木质素等多种化工产品。该生产线可实现年加工玉米秸秆、玉米芯等农业废弃物 30 万吨，可生产 ABE 总溶剂 5 万吨、木质素 3 万吨、纤维素 12 万吨，是目前世界上规模最大，且具有良好经济效益的秸秆生物炼制生产装置，突破了长期困扰生物质产业的技术经济关。

生物质丁醇技术相关专利许可费用目前已超千万元。项目的实施为企业新增产值约 9.2 亿元，并创造了更多的就业机会。按照《过程工程所横向项目管理办法》，项目收益的 60% 可作为绩效奖励技术骨干和专利发明人，极大地调动了科研人员进行专利转移转化的积极性。

 案例点评

国内科研院所的专利技术转移转化目前存在多个亟须解决的矛盾和问题，"好酒也怕巷子深"恐怕应该是首当其冲的。一项专利技术即便具备广阔的市场推广前景，但如果不能将其供求信息及时、准确、灵活地进行传递，其转移转化的成功率、效率和质量也必将大打折扣。过程工程所在此方面的独特优势在于，拥有一个覆盖全国共计 110 个平台节点、与多家行业龙头企业保持长期技术合作关系的技术转移服务网络，并通过召开领域专利技术发布会、去企业实地调研考察等多种方式形成有效互动，在很大程度上有效克服了国内科研院所在专利技术转移转化过程中常常遇到的信息不畅难题，转移转化成绩斐然。

另外，一项"好的专利技术"从字面上看至少应当包含两层含义，它既是具备一定技术先进性的"好的技术"，同时也是具备较高专利质量的"好的专利"。对此环节的把控同样直接影响到专利技术转移转化的执行和结果。在这方面，过程工程所除了集中对关键技术进行技术攻关外，还特别注重积极引入知识产权全过程管理机制来发挥配套作用，并通过组建知识产权分析评估专家库，采取"技术现状与发展趋势分析""技术生命周期分析""市场中竞争技术现状及其发展动态分析""动态检索分析预警"等具体对策，不仅使得技术研发与专利挖掘及布局得到紧密融合，而且对后期的专利技术转移转化过程能切实发挥有利的影响，有助于结合项目实际情况来制订转移转化过程的具体路线。

韩国科学技术研究所（KIST）的专利技术转移模式与过程工程所的做法有异曲同工之妙。KIST 具有代表性的技术转移计划（Connect Program），其成立了由多名内、外部专家组成的咨询委员会，相关工作主要包括建设及运营技术转移网站（http：//www. tlo. or. kr）来加强技术转移的在线市场销售和信息发布，通过国家技术产业化综合信息网完成 KIST 专有技术的宣传，召开专有技术推介会增加企业参与度等；此外，还通过先行技术调研、制作专利地图以及专利申请预审等方式，确保对专利技术质量环节的良好把控。例如，从 2007 年 1 月开始，KIST 对涉及移植金属硼化物纳米粉末制备方法的 105 项技术进行了先行技术调研，对其中 100 项技术的专利申请进行了评价，并资助其中属于 S 级的 1 项优秀发明和属于 A 级的 37 项优秀发明进行海外申请布局。

总体来看，加大对质量环节的把控、构建通畅的信息网络均属于开展专利技术转移转化的重要工作环节，同时也是决定转移转化效果的关键所在。过程工程所在这些方面为国内同类单位提供了非常值得借鉴和推广的经验。但在借鉴这些经验的同时，国内科研院所还有必要继续重点针对配套服务机构的组织框架设计、内部政策制定及引导、人才数据资源和资金配备，以及多部门之间的联动机制等方面作出更多的探索和研究。

3 中国科学院大连化学物理研究所 电池储能专利融资转化案例

一、中国科学院大连化学物理研究所专利转移转化概况

中国科学院大连化学物理研究所（以下简称"大连化物所"）是基础研究与应用研究并重、应用研究和技术转化相结合的综合性研究所。大连化物所重点学科领域为催化化学、工程化学、化学激光和分子反应动力学以及近代分析化学和生物技术。建所以来，大连化物所造就了若干享誉国内外的科学家及一大批高素质研究人才和技术人才，先后有17位科学家当选为中国科学院和中国工程院院士，2013年，张存浩院士获得国家最高科学技术奖。截至2014年，大连化物所取得科研成果800多项，专利申请也相当活跃：累计申请专利5564件，其中发明专利5251件；累计专利授权2199件，其中发明专利授权1925件。此外，国外专利布局工作同样走在国内科研院所的前列，目前累计申请国外专利350多件，其中PCT申请210多件，获得国外专利授权80多件。❶

大连化物所的技术转移工作和专利运营工作成效显著。近年来，大连化物所不断创新工作思路，积极推动科研成果的转移转化，呈现出"以骨干企业为牵引的合作战略，强化与重点区域的科技合作，增进产业技术交流和加强平台建设"的院地合作特点。近5年，大连化物所共签订技术转移转化合同约1000项，合同总金额超过11.67亿元，到款10.33亿元。大连化物所实现科技成果转化50余项；申请专利1660件，获得授权专利689件，转移转化专利207件，实现知识产权转移转化收

---

❶ 中国科学院大连化学物理研究所 [EB/OL]. [2016 - 05 - 30]. http://www.dicp.cas.cn/gkjj/skjj.

入 9 亿多元。大连化物所先后被评为"国家技术转移示范机构"，获得首届中国产学研合作创新奖，并在 10 年内 9 次获得中国科学院院地合作先进集体一等奖。

在知识产权管理方面，大连化物所已经建立了涵盖研发、生产、经营、销售等全过程的知识产权管理制度。在前期的研发阶段即开展专利技术预警，定期对竞争对手的专利情况进行跟踪和预警分析，最大限度降低未来企业进入国际市场的知识产权风险；在进行未来的技术开发或改进时，适当斟酌参考现有专利技术，并在关键技术方面考虑更先进的技术方案，有效规避潜在的知识产权风险。对高知识产权风险的专利，能规避应尽快进行规避，如果不可规避，尽早与研发人员和知识产权法律负责人沟通，建立知识产权预警方案。对还未授权的重要专利技术，则随时跟踪其法律状态，并做好侵权调查预备工作以便积极维护自身权益。

此外，大连化物所鼓励员工利用现有的专利技术进行原始创新和改进，及早进行专利申请，并将这些专利技术转化为生产力，在经营销售阶段规避发生专利风险。部门知识产权管理人员定期会对相关技术进行专利战略分析，组织管理人员进行专利战略路线的调整。利用专业的专利检索和分析软件对专利信息进行及时跟踪检索，并建立了专利技术数据库的共享平台，定期对专利技术进行分类和进一步的专利挖掘工作。大连化物所在关键材料（膜、双极板、电极）方面不仅加强基础性专利技术的申请，而且也注重改进型专利的布局，进而形成自身更为严密的专利群保护；在电堆和电池系统方向，同样针对技术空白点和可拓展技术点积极进行专利挖掘，并对关键技术积极寻求国外专利布局，建立完整的自主知识产权体系。

二、全钒液流电池储能专利融资转化背景

普及应用可再生能源、提高其在能源消耗中的比重是可持续发展的重要途径。但是，风能、太阳能等可再生能源发电具有不稳定、不可控的特性，可再生能源大规模并入电网会给电网的安全稳定运行带来严重的冲击。大规模储能系统可有效实现可再生能源发电的调幅调频、平滑输出、跟踪计划发电，提高电网对可再生能源发电的消纳能力，解决"弃风""弃光"的问题，因此，发展大规模储能系统是国家实现能源安全、经济可持续发展的战略性需求。2014 年，国务院办公厅印发的《能源发展战略

行动计划（2014—2020 年）》将储能和大容量储能技术作为重点创新领域和方向之一。与目前已开发的抽水储能、压缩空气储能、钠硫电池、锂离子电池、铅酸电池等各种规模储能技术相比，液流电池储能技术具有储能系统的输出功率和储能容量相互独立、储能规模大、设计和安置灵活、使用寿命长、安全可靠、材料和部件可循环利用、环境友好等突出的优势，因而成为规模储能的首选技术之一。

国外方面，澳大利亚、日本、英国、美国等发达国家于 20 世纪 80 年代即开始液流电池储能技术的研究，经过 20 多年的研发，目前已经取得了重要进展，建造了多个千瓦级到兆瓦级液流电池储能应用示范工程。国内方面，20 世纪 80 年代末期，中国地质大学、北京大学、东北大学、中南大学、清华大学、大连化物所、金属所、攀枝花钢铁研究院、中国工程物理研究院电子工程研究所等高校与研究院所开始进行液流电池的基础研究，主要集中在液流储能电池关键材料和结构设计等方面。

自 2002 年，大连化物所开始从事液流电池储能技术的研发工作，通过多年努力，在液流电池离子传导膜、电极双极板、电解液合成制造，大功率电堆设计集成，大规模电池储能系统集成控制应用技术等方面取得了一系列技术发明和创新，形成了具有相对完整自主知识产权的全钒液流电池储能技术。2014 年，大连化物所全钒液流电池储能技术研究团队获中国科学院"杰出科技成就奖"；"风电并网用 5MW/10MW 全钒液流电池储能系统"获"辽宁省企业重大科技成果奖"；2015 年，"全钒液流电池储能技术及应用"荣获国家技术发明二等奖。

三、全钒液流电池储能专利融资转化过程

（一）政产研合作，共磨一剑

大连化物所自 2002 年开始从事液流电池储能技术的研究，2003 年得到了本所"知识创新基金"的资助，最早研究多硫化钠/溴液流电池技术，并于 2002～2004 年申请了 4 件相关技术的发明专利，但在研发过程中发现该技术存在难以解决的硫沉积和正/负极溶液离子互串的问题，国外已基本停止了相关研发工作，因此该项目团队继而转向全钒液流电池储能技术的研究。

2006 年，博融（大连）产业投资有限公司慧眼识珠，认为该项目市场

前景广阔，给予大连化物所资金支持。2007 年，项目组又得到科技部"863 计划"项目的支持，成功地开发出 2kW、5kW、10kW 电池模块和 10kW 电池系统，2008 年成功开发出国内首套 100kW 全钒液流电池储能系统。2006～2008 年，就全钒液流电池储能技术方面共申请了发明专利 15 件。经过多年的技术研发和积累，大连化物所液流电池储能技术已达到示范应用水平，通过 3 年左右的应用示范，进一步检验和优化完善技术，建立了实用化和产业化的技术平台。

（二）技术入股，走向市场

为加速推进全钒液流电池的实用化和产业化，需要以企业的载体开展工程化技术的开发。在液流电池储能技术的研究基础上，2006 年大连化物所与博融（大连）产业投资有限公司合作，共同研发全钒液流电池储能技术。双方合作很快取得了初步研发成果，不仅研制出 2kW 样机，而且成功进行了 270 天的运行试验，并制备出 4～8 个电池模块组成的 10kW 电池系统。

在此基础上，2008 年 10 月，以博融（大连）产业投资有限公司、大连化物所及该项技术主要发明人张华民共同投资组建成立了大连融科储能技术发展有限公司（以下简称"大连融科储能公司"），该公司业务以液流电池产业化为主要目标。在该公司注册资本金中，博融（大连）产业投资有限公司出资 1428 万元人民币，占 64.91% 的股权；大连化物所以专利技术作价入股，出资 514.5 万元人民币，占 23.39% 的股权；自然人张华民出资 257.5 万元人民币，占 11.7% 的股权。其中大连化物所的出资全部为无形资产，具体包括自身拥有的 2 件发明专利和 6 项专有技术，以及与博融（大连）产业投资有限公司共同拥有的 4 项专有技术。2011 年至今，大连化物所与大连融科储能公司继续开展合作，成功开发出千瓦到兆瓦级液流电池系统，并实施了 10 余项从千瓦级到兆瓦级液流电池在可再生能源发电供电系统中的应用示范，使我国的液流电池储能技术处于国际领先地位。

（三）布局国外专利，主导标准制定

为进一步了解液流电池储能技术在国内外的市场，在保护自身知识产权的同时防止侵权风险，该项目自 2009 年开始至今，开展了本领域国内外液流电池专利的全面跟踪检索及其预警分析工作，重点针对中国、日本、美国和欧洲专利进行了检索，并从液流电池的技术生命周期、专利法律状

态、技术构成、主要专利权人和发明人等角度进行了分析，以便厘清液流电池储能技术的发展路线，为研究所和合作企业的产业决策、研发创新活动以及开展知识产权战略提供了参考和帮助，同时为日后进入国际市场规避知识产权风险打下良好的基础。

从技术生命周期来看，全球液流电池储能技术专利申请量共计2000余件，年份分布趋势从2009年开始急剧增长，目前已经进入一个快速发展阶段。从申请国别分布来看，中国、美国、日本三国的液流电池专利受理数总量占到全球总量的89%以上，大幅领先于随后的其他国家/地区，其中，日本液流电池相关技术专利申请最早，我国则是在近3年申请量急速上升，年度申请量已经遥遥领先于美国和日本，位居全球第一。从主要申请人分布看，日本住友电工研发力最强，其次是大连化物所和大连融科储能公司；其中日本住友电工在电池系统、电堆和电解液技术方面专利申请量要远远高于其他申请机构，具有一定的技术垄断。

截至2015年，大连化物所及其合作伙伴大连融科储能公司就液流电池储能技术已申请国家发明专利150余件，实用新型20余件，PCT专利6件，拥有授权专利50余件，已形成相对完整的自主知识产权体系。在专利管理方面，该项目研究成果及形成的知识产权由专门的知识产权管理人员进行统一管理，定期对技术人员进行相关的知识产权培训，在项目实施过程中不断完善知识产权管理及相应的转移转化制度；此外，还制定了相关激励政策，对专利申请和授权分别给予一定的奖金报酬，鼓励员工进行技术创新。

技术的领先性决定了标准的主导权。大连化物所在液流电池领域取得的突破性研究成果得到了国内外同行的广泛认可，使其已成为国内及国际液流电池技术标准的领军者。例如，大连化物所牵头组建了国家能源液流电池技术标准委员会，并作为主导单位起草了3项行业标准和5项国家标准。在国际标准方面，应邀全面参与欧洲液流电池标准协议的制定，并参与起草了《液流电池用户手册》。项目负责人张华民研究员入选国际电工委员会（IEC）TC105液流电池标准战略研究专家组，负责国际液流电池标准战略框架的研究和起草，并当选为国际"液流电池通用技术条件及测试方法"核心标准的负责人，负责该项国际液流电池标准的制定。

四、全钒液流电池储能专利融资转化模式

总结起来，该案例的专利技术转移转化模式（见图1-3-1）可概括

为在基础研究之后与企业开展研发合作，组建新公司专门开展产业化，并注重专利与标准之间的融合运用。

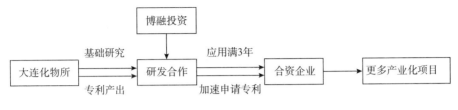

图 1 - 3 - 1 专利技术转移流程

五、案例亮点及效益分析

全钒液流电池储能技术因其使用寿命长、储能规模大、电池均匀性好、安全可靠、应答速度快等突出的优势，成为规模储能的首选技术之一，已成为国际高技术竞争的新热点。大规模储能在太阳能、风能等可再生能源发电、智能微电网等领域有着广泛的市场需求，其推广应用将产生巨大的经济效益。据国际权威资讯机构麦肯锡预测，2025 年储能技术对全球经济价值贡献将超过 1 万亿美元，市场前景广阔。通过对 2020 年储能市场进行分析，该项目成果的市场应用前景更加广阔。

该项目自 2002 年起步，2008 年即完成国内首套 100kW 系统的示范应用，2012 年完成世界最大规模 5MW/10MW·h 全钒液流电池商业化示范系统，技术指标和工业化进程均处于国际领先水平。大连化物所与合作单位多年来坚持产、学、研、用紧密合作的产业化机制，积极推进全钒液流电池储能技术的实用化和产业化，并开展商业化应用示范，已先后实施了为海岛、边远地区可再生能源发电、分布式供电及风电场平滑输出、计划发电等提供储能解决方案的 20 余项商业化应用示范工程，销售收入近 1 亿元。其中自 2013 年运行以来，5MW/10MW·h 项目提高了风电场电能质量，多上网电量 1909 万千瓦时，创造经济效益 2000 多万元。同时，液流电池储能技术发展也带动了相关产业链的发展，大连融科储能公司与大连博融新材料有限公司联合开发的液流电池电解质溶液实现了规模生产和销售。2012 年实现销售收入 4613 万元，2013 年销售收入 4249 万元，2014 年销售收入 4369 万元，对推动我国可再生能源发电的普及应用，实现节能减排重大国策发挥了积极效果。

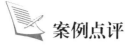 **案例点评**

　　大连化物所的全钒液流电池储能专利技术转移过程属于典型的产学研合作模式，即企业方提出技术需求，科研院所根据需求输出技术成果及专利成果，并在此基础上，通过合作组建新公司实现资源优势互补，相应促进转移过程中所需各种生产要素的有效组合。大连化物所不仅适当运用专利信息分析手段来建立严密的专利保护网，还充分采取了标准与专利相融合的策略，有效促进产业化推广力度，并增强了企业参与国内外市场竞争的能力。

　　事实上，随着世界经济的发展，已经出现了"技术专利化、专利标准化、标准全球化"的新趋势，而且这一趋势在高新技术行业表现得尤为突出。以 4G 通信领域为例，截至 2014 年底，高通、三星、华为、诺基亚、InterDigital 和爱立信 6 家公司掌握了全球过半的涉及 4G 标准必要专利。换而言之，在 4G 甚至 5G 通信领域，相关企业将不得不遵守国际标准化组织颁布的国际标准，而这些国际标准又包含上述公司所拥有的专利，该行业的游戏规则实际上将由上述公司制定。

　　对于我国很多行业而言，技术标准基本都被国外垄断，不仅在很大程度上制约了国内相关企业的海外竞争力，而且还可能遭遇技术标准中所包含的必要专利的阻击，如被控侵犯专利权或是被要求缴纳高昂的专利许可费等。大连化物所能够结合其优势研发领域开展专利的前瞻性布局，并推动相关专利纳入行业标准、国家标准甚至国际标准中去，具有了鲜明的特色，值得国内其他科研院所在以下多个方面借鉴：如借助专利信息利用手段来做好核心专利的挖掘及布局工作，结合优势和热点领域积极参与各类技术标准的制定和修订以及专利标准化运营策略来促进产业化国内外推广等。

　　综上，鉴于全球专利与标准日益融合的创新环境，特别是国家标准化管理委员会和国家知识产权局联合发布的《国家标准涉及专利的管理规定（暂行）》已于 2014 年 1 月 1 日正式施行，对我国标准中的专利政策首次予以明确规定，国内科研院所不仅应当加大关键技术转化为专利成果的步伐，而且还应当在专利技术转移转化过程中适当采用专利与标准相结合的策略，从而更为高效、优质地促进转移转化效果。

4 中国科学院计算技术研究所计算机领域专利拍卖案例

一、中国科学院计算技术研究所专利转移转化概况

中国科学院计算技术研究所（以下简称"计算所"）成立于1956年❶，是我国计算机事业的摇篮，成功研制了我国第一台通用数字电子计算机，诞生了我国首枚通用CPU芯片，形成了我国高性能计算机的研发基地。经过多年的发展，计算所已发展成为网络型研究所，由法人类型多样的众多组织构成，地域上分散，管理上可控。目前有16个与地方政府合作的分部/分所，3家直属企业，还有龙芯、曙光、蓝鲸、天玑、晶上等比较著名的主要投资企业。此外，计算所还与产业界大公司开展合作，先后与华为、联想等IT企业展开大项目合作，如在互联网的可扩展性、移动性、安全性等问题开展创新研究，力图为华为等IT企业提高产品的国际竞争力提供"云路由器"等引领性的关键技术和系统。

计算所2005年率先成立了知识产权办公室，设置专人负责知识产权管理。目前有3名知识产权专职管理人员，其中两名具有专利代理人资格，一名具有律师资格。此外还有13名分布在各个科研实体的知识产权专员，兼职负责各个科研实体的知识产权工作，对重大项目进行知识产权的全过程管理，包括：立项阶段的专利检索分析、研发阶段的专利挖掘与布局、结题阶段的专利转化与运用。计算所是国家知识产权局首批知识产权示范单位、首批北京市专利示范单位、首批专利审查员实践基地。截至2014年底，计算所累计申请专利1960件，获得国内专利授权1050件，获得国外

---

❶ 中国科学院计算技术研究所［EB/OL］．［2016 - 05 - 30］．http：//www.ict.cas.cn/jssgk/.

专利授权 18 件。

二、利用专利拍卖进行技术转移的背景

计算所积极尝试多种专利转移转化方式：①采用传统的"一对一"的协议许可转让方式；②与企业成立知识产权联盟，积极为中国音视频企业抵御海外风险做好知识产权储备和预警；③推进专利技术进入标准；④鼓励科研人员自主创业，开展自主创新成果产业化活动，如采用创新大赛的方式挑选具有创业前景的团队，并给予创业支持；⑤引进创业风险投资或政府投资，用专利进行作价入股等。

但是，传统的专利权转移主要是通过双边谈判来实现的。在双边谈判中，买家和卖家就交易的价格、支付方式等相关内容进行谈判，从而达成双方都满意的一系列条款。在双边谈判中，买家和卖家通常签署了保密协议，可以就专利相关的保密信息进行共享，并且可以通过单次或多次的支付来交换专利的所有权，或者通过分解所有权来进行支付结构的设计，具有较好的灵活性。但是这种私下交易模式也存在一些突出的问题：①由于交易是非公开进行的，缺乏透明度，信息披露不充分，双方选择余地有限，加上专利的差异性较大，容易导致成交价格不能反映公平的市场价值；②即便双方进行过信息共享，仍然会存在信息不对称的问题，容易导致交易过程缓慢，从而增加交易的时间和成本；③对于卖家而言，由于无法聚集足够多的感兴趣的买家，因此不会产生竞价，容易导致成交价格偏低。

同时，对于科研院所而言，专利转化过程中涉及的专利价值评估一直是一个难题。专利价值评估涉及技术、法律和市场 3 个维度，只有成熟、专业的评估机构才能提供这样高度精细化、专业化的服务。而目前具备这样的资质和技术能力的价格评估机构是非常少的，而且评估机构评估给出的也只是一个参考价，专利最终的成交价格是通过谈判产生的。此外，委托第三方进行价格评估所产生的费用也是卖家需要谨慎考虑的问题。正是这些问题的存在，一些科研院所在进行专利转让时顾虑重重，甚至按兵不动静观其变，间接妨碍了专利的流转和实施。

从国家知识产权局公布的数据看，2013 年，国家知识产权局共受理发明申请82.5 万件，同比增长 26.3%，已经连续 3 年位居世界首位。在庞大的申请量背后，却有大量专利被束之高阁，没有得到有效运用。据《中

国知识产权报》公布的一项数据表明，目前我国发明专利转化率不到 15%，部分重点大学、科研院所专利转化率不到 5%，而发达国家这一数字高达 30%～40%。所以急需一种新的专利转化方式破解这些难题，促进专利的转化实施，专利拍卖应运而生。

三、专利拍卖的运作过程

计算所分别于 2010 年、2012 年和 2013 年举办了 3 届专利拍卖会，有效地探索了产学研结合和技术转移的新途径，引起了社会各界的强烈反响。其中，2010 年举办的首届专利拍卖会，成交标的 28 项，成交率达 40%，成交额近 280 万元。2012 年举办的第二届专利拍卖会，多媒介、跨地区的多种拍卖方式吸引了 30 多家企业参与专利竞拍，共成交标的 87 项，成交率 37.5%，成交金额 426 万元，相比首届专利拍卖会，成交专利标的增加 59 项，增幅 211%，成交总额增长近 150 万元，增幅 63%。2013 年度的专利拍卖会，首次尝试完全由计算所和各分部/分所共同来完成招商、推介和举办。

通常，专利拍卖会的成功举办离不开以下几个关键环节。

（一）选择合作机构和伙伴

专利拍卖作为美国等发达国家一种相对成熟的技术交易模式，在中国尚未得到有效运用，可借鉴的经验较少。与传统的实物及资产拍卖不同，专利拍卖的复杂程度更高，对于拍卖组织方能力的要求也更高。为了更好地完成该次拍卖活动，为专利、技术等无形资产搭建规范的市场流转平台，计算所成立了由技术转移中介服务机构、拍卖机构及知识产权服务机构共同参与的联合工作组。这种协同创新的合作机制，充分发挥了现代服务业组织对科研技术领域自主创新、成果转化及知识产权运用的支撑与促进作用。同时该项拍卖活动得到了各级政府部门、行业组织的大力支持，受到了国内外企业的高度关注。

（二）确定专利拍卖标的

在 2013 年度的专利拍卖中，计算所通过对已经授权专利的筛查和内部分级，挑选出 327 件，涉及智能信息、无线通信、集成电路、信息安全、物联网、高性能计算、视频传输等 10 余个技术应用方向。其中实际涉及了专利生命周期的管理和专利资产的盘点，包括哪些需要长期持有、哪些可以转让、哪些可以许可、哪些可以不再维持等。得益于计算所作为国家知识产权局专利价值分析试点机构，聚集法律、经济、技术专家一起建立从法律、经济、技术三维度对专利进行价值分析和分级管理的制度，使计算所在进行专利拍卖标的的准备时可以及时作出合理判断，形成相对客观的专利起拍价格。

（三）进行专利推介和招商

只有竞买人对拍卖标的——专利的价值有深入了解的时候，拍卖才能取得好的效果。拥有广泛用途的专利，有可能对于每一个竞拍者都有独特的价值，因此竞拍者需要结合自己的知识产权、技能、使用方面及财务情况来对其价值进行判断。竞拍者参与竞拍的决策是建立在深思熟虑的调查和评估基础上的，需要充足的时间来完成。在预展和推介环节，需要设置更多的活动使竞拍人深入了解相关专利，包括技术与商业论坛、与发明人的见面会、专利说明会等，计算所通常会提前6个月通过网络、媒体、现场说明会等多种方式公布专利清单，并进行技术问题、技术方案、技术效果和应用场景的讲解和宣介。

（四）网络和现场竞拍相结合

由于目前国内进行的拍卖主要还是专利权的转移，转化方式比较单一，只涉及权属的变更，没有专利许可等方式，也不提供相应的技术服务（如果买家需要，须另行与卖家商议签署技术服务合同）。这主要是因为专利拍卖都是一次性付费的，而许可费用通常由入门费和销售提成组成，无法一次性兑现；而技术服务因为服务对象的需求不同，也难以形成统一的定价。这妨碍了一些不具备技术实施能力的中小企业参与，同时由于是一次性出价，买家承担了更多的市场风险，导致其给出低于传统的技术交易模式中的价格，从而降低了拍卖的成交价格。

所以，对于在拍卖中没有成交的专利项目，允许拍卖后与买家进行私下谈判，包括以低于起始保留价与买家成交，以及提供相应技术服务等。由于现场拍卖受时间、场地的限制，可以同时采用网上在线拍卖方式，在现场拍卖之外为竞拍者提供便利的竞拍机会。

四、专利拍卖的转移转化模式分析

专利拍卖通过公开竞价方式有效地减少了专利转移的时间、成本和风险，计算所的专利拍卖模式流程如图1-4-1所示。一是它为买卖双方提供了一个开放的平台，卖方公开专利信息和估价，竞买人之间公开竞价，第三方提供包括专利有效性和权利归属等尽职调查的信息，有助于建立一个公开透明的交易市场。二是拍卖简化了专利交易的过程，拍卖公司通过各种宣传渠道对拟拍卖的专利进行推介，吸引感兴趣的买家，并通过举办研讨会、交流会等沟通方式使买家更了解即将拍卖的专利，降低了卖家的市场推广费用。同时将专利权竞买合同等法律文件进行提前公示，准买家只需在现场竞价中胜出即可签署合同，办理付款和权利转移手续，基本不存在传统的谈判过程。三是公开竞价具有价格发现功能，经过竞价能够充分发掘并实现专利的潜在价值，对于卖家正确评估并确定专利的价格是非常有利的。四是由于参与竞拍的卖家在登记时都缴纳了保证金，并签署了一系列的文件来证明其有财务实力完成交易，所以可以有效降低交易失败的风险。五是通过远程竞标、代理竞标、电话竞标等匿名机制来保护竞买人身份的机密性，可以打消潜在买家的顾虑。因为专利购买行为本身会暴露其专利组合中缺乏竞争力的短板和缺陷，足以构成一个有价值的竞争情报。

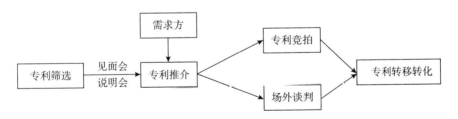

图1-4-1　计算所专利拍卖模式流程

五、案例亮点及效益分析

综合分析该案例，核心亮点主要体现在以下两方面。

（一）在国内开创实践了一种新的专利转化方式

计算所率先尝试采用市场化的方式，集中将专利向市场进行公开的推介与展示，促进科研成果向生产力的转化。专利拍卖是对传统的技术转移方式的有效补充，其公开透明的操作模式、高度市场化的定价机制和规范的交易流程对于完善具有中国特色的技术转移体系有着重要的意义。正是因为专利拍卖具有上述独有的优势，其作为新型的专利转移机制在中国乃至国际市场上都充满了活力，具备很大的发展空间。事实上，继计算所开创性的探索之后，中国科学院自动化研究所、北京航空航天大学、天津药物研究院等都相继举办了拍卖会来进行知识产权的转让出售，这也说明科研院所对运用拍卖方式进行技术转移具有旺盛的需求。

（二）有效解决了专利转化中存在的价值评估难题

2015 年 8 月 29 日，第十二届全国人大常委会第十六次会议通过了《关于修改〈中华人民共和国促进科技成果转化法〉的决定》，修订后的该法第 18 条规定，国家设立的研究开发机构、高等院校对其持有的科技成果，可以自主决定转让、许可或者作价投资，但应当通过协议定价、在技术交易市场挂牌交易、拍卖等方式确定价格。这实际认可了拍卖行为本身就是一种专利价值的市场评估方式，而无须再硬性规定进行第三方的价值评估，将评估转变成卖家自发自愿的市场行为。有效简化了过去进行成果转化时的审批和评估手续，节约了交易成本，缩短了交易时间。

同时通过大力培育和建设综合性的知识产权经营机构，在提供拍卖业务的同时，可以提供知识产权尽职调查、价值评估、专家鉴定、投资、风险管理等专业服务。事实上，Ocean Tomo 公司的现场拍卖能够取得成功，也离不开其内部独有的专利评级（Patent Rating）系统，该系统可以对申请拍卖的专利进行筛选看其是否适合拍卖，同时帮助卖方制定起拍价并提供估值。而卖家仅需支付 1000～6000 美元的费用，就可以将其专利列入拍卖目录，享受 Ocean Tomo 公司的专业服务，然后在拍卖成交后再支付额外的佣金。这样既有效降低了卖家前期的成本投入，又解决了专利拍卖前的定价问题。

案例点评

　　计算所拍卖的专利技术领域集中，有利于聚焦某个产业。标的物范围较宽，涵盖专利包、有底价专利（含标准专利）、无底价专利等。"网络动态报价""现场网络竞价""现场拍卖"三种跨区域、多媒介的竞价方式满足了不同地域参与主体的针对性需求，因此成交率和成交专利量均高。

　　2011年，美国司法部允许北电网络有限公司拍卖6000多件专利，最终苹果、黑莓和爱立信、微软和索尼、易安信等多家公司以45亿美元的价格，即5倍于谷歌9亿美元的"假马报价"，竞标成功。专利拍卖一时间成为知识产权交易的利器。

　　虽然计算所专利拍卖的知名度不如国外知名的Ocean Tomo公司以及德国的IP Auctions知识产权拍卖有限公司，甚至交易总额还不如2004年由上海市知识产权服务中心、上海技术交易所和上海中天拍卖有限公司联合举办的上海首场专利拍卖会，但却开了国内科研院所独立探索专利拍卖交易模式的先河，其在竞价方式、前期专利推介等方面的经验值得借鉴和推广。

　　但是，该案例中也存在一些亟待解决的问题，如计算所自身提供知识产权尽职调查、价值评估、专家鉴定、投资、风险管理等专业服务能力较弱，导致其尚未形成专利拍卖前的价值评估机制和评估体系，这样就很难事先拉近买卖双方的价格预期。

　　总之，在当前专利技术转移转化的环境下，特别是2015年8月29日第十二届全国人大常委会第十六次会议修订的《促进科技成果转化法》第18条规定，国家设立的研究开发机构、高等院校对其持有的科技成果，可以采取拍卖的方式确定价格，专利拍卖活动可以作为科研机构进行专利技术转移转化的一种重要手段。通过市场化的竞价交易方式来实现专利权转移，也为亟需获取高质量技术成果的成长期小微企业提供了快速、双赢的购买渠道，促进了专利技术的快速、高效流转。

5 大连理工大学电磁连铸专利投资合作案例

一、大连理工大学专利转移转化概况

大连理工大学建立于 1949 年 4 月，是教育部直属全国重点大学，也是国家"211 工程"和国家"985 工程"重点建设高校，被誉为国内著名的"四大工学院"之一。学校现有一级学科国家重点学科 4 个，二级学科国家重点学科 6 个，二级学科国家重点（培育）学科 2 个，其中化学、物理学、材料学、工程学、环境生态学、计算机科学、生物学等 8 个学科领域进入 ESI 国际学科排名前 1% 的行列。

多年来，大连理工大学在知识产权创造、保护、管理和运用方面做了大量的工作。在知识产权创造方面，截至 2015 年 10 月底，共计申请专利 8860 余件，其中发明专利申请 6017 件，国际专利申请（含 PCT 申请）104 件；授权专利 5300 件，其中发明专利授权 2555 件，有效发明专利 1804 件。❶ 在知识产权保护和管理方面，制定了《大连理工大学知识产权保护管理规定》《大连理工大学知识产权战略纲要》《大连理工大学专利管理和自主办法》和《大连理工大学专利评估与转移实施办法》等一系列文件，其中《大连理工大学知识产权战略纲要》作为全国高校首部详尽的知识产权纲要性文件，在战略意义上对学校知识产权相关工作进行了重点规划。在知识产权运用方面，坚持自主创新与市场需求紧密结合的原则，与相关高新技术企业和大型制造企业一起，通过构建共性技术平台、产业技术创新战略联盟等多种产学研协同创新模式，使研发形成的专利更

---

❶ 检索数据库 www.soopat.com，检索日期截至 2015 年 11 月 1 日。

具针对性。

2009 年至今，通过融资入股、技术转让等多种形式累计转移专利 140 余件。此外，还依托大连理工大学国家技术转移中心成立大连理工大学技术转移中心有限公司，作为经营实体代表学校集成与整合学校科研成果，进行学校知识产权评估、许可和转让，搭建共性技术开发平台，实现集成技术在企业中的应用，同时开展国际技术转移，向社会输出技术成果和可产业化项目。

二、铜合金电磁连铸专利技术投资合作背景

铜合金具有良好的综合机械性能，是交通、通信、电气、航空等多个领域的重要工业材料。2013 年，我国铜加工材的产量和用量均已超过 1200 万吨。[1] 高铁接触网线、集成电路引线框架、高压开关电触头等作为高速铁路、重大工业装备、大型输变电设施等的关键部件，要求具有高强度和耐磨性，同时还需承载大电流、耐高温、抗氧化和耐腐蚀等性能，高性能铜合金是制备上述部件的必需材料，而连续铸造是制备高性能铜合金的必需环节。但是，铸坯连铸成型过程中成分和组织的均匀化调控以及氧化、偏析、裂纹等凝固缺陷的消除是铸造界公认的世界性难题，对我国高性能铜合金的制备提出了挑战，已经成为国家重大工程和装备制造的瓶颈之一。

大连理工大学的研究团队自 20 世纪 80 年代即开始电磁铸造技术的研究，相继进行了铝合金铸造的电磁调控、钢铁材料的软接触铸造等基础研究。2002 年开始进行铜合金连铸过程电磁调控的研究，逐步开始在铜合金管坯水平连铸中尝试；2005 年开始与企业合作进行锡磷青铜板带水平电磁连铸的研究，并在生产线上使用，之后又逐步推广应用到铜合金棒材的水平连铸过程中。依靠多年的研究积累，研究团队创造性地设计了沿板带宽度方向相向的行波直线调幅磁场，即将传统的行波直线磁场和脉冲电流相结合，通过周期性改变电流方向、脉冲周期等来产生沿板带宽度方向相向的行波直线调幅磁场，同时首次将磁场发生器制作成独立的、内部通水冷却的装置，这样不仅解决了电磁屏蔽问题，还能够在板带的边部和中心部

---

❶ 2013 年中国铜铝加工材产量高速增长 [EB/OL]. [访问日期不详]. http：//www.chinairn. com//news/20140307/114407312. html.

形成梯度分布的磁场，有效克服了大宽厚壁铜合金板带中心部和边部的凝固不均匀等问题，顺利实现高性能铜合金圆坯由垂直半连铸向水平连铸生产模式的转变，生产效率可提高 3 倍左右。

以上研究成果由大连理工大学和浙江八达铜业有限公司合作申请了作为核心专利之一的发明专利（CN200510047193.7），并成功获得专利授权。2006 年，相关专利技术"铜及铜合金板带坯水平电磁连续铸造技术"获得浙江省科学技术二等奖；2012 年，系列技术"铜合金水平连续铸造的电磁调控"获得中国有色金属工业科学技术一等奖；2014 年，系列技术"高性能铜合金电磁连铸关键技术及应用"获得教育部技术发明一等奖；2015 年，获得国家技术发明二等奖。

三、铜合金电磁连铸专利投资合作过程

（一）栽下梧桐树，引来金凤凰

以大连理工大学李廷举教授作为带头人的研究团队，长期研究材料电磁成型与控制课题，尤其专长金属连铸过程的凝固控制与模拟方向。在 2005 年之前，研究团队已经积累了较多有特色的研究成果，同时也注重将研究成果寻求知识产权方面的保护，这一阶段申请的发明专利包括 CN02149110.0（铜及铜合金铸管坯水平电磁连续铸造的方法及装置）、CN02144610.5（复层材料的电磁连续铸造方法）、CN99120824.2（一种施加复合电磁场的电磁铸型和铸造方法）、CN99120825.0（一种用不等宽缝隙电磁铸型的连续铸造方法）、CN02109370.9（一种空心金属管坯电磁连续铸造方法）以及 CN01106053.0（一种施加双频电磁场改善连铸坯质量的方法）等，但由于各种原因，始终并未迈出产业化的一步。

2005 年是取得重大突破的一年。浙江八达铜业有限公司为解决生产中面临的各种技术难题，介入并出资与大连理工大学进行产学研合作研究。正是依靠前期深厚的技术研发，并能够密切结合企业提出的具体需求和项目实践，研究团队实现了重大技术革新，并在短期内即拿出了有效的解决方案。专利技术"一种铜合金板带的水平电磁连续铸造装置"（CN200510047193.7）的申请人同时包括了大连理工大学和浙江八达铜业有限公司，并首先在浙江八达铜业有限公司内部实现产业化对接；测试表明，首次规模化生产出的产品表面至中心锡的偏差仅为 0.42，低于韩国产品的 1.46，成品率由

67.9% 提高到 73.2%，❶ 不仅很好地解决了带状铜合金铸坯的偏析和裂纹等问题，同时使得我国厂家成为世界上少数可生产高锡铜合金板带的企业之一。

（二）同心可筑梦，携手共前行

虽然取得了阶段性的研发及专利成果，合作双方的关注重点更多地集中在如何进一步扩大合作规模、更快地推动产业化进程，以及获得更好的经济效益和社会效益方面。为此，在大连理工大学技术转移中心有限公司的牵头下，专利转移并未采取常见的许可或转让模式，而是选择大连理工大学长期坚持的投资合作模式，即企业与高校按照约定比例组成技术共同体，将两个专利权人共同拥有的专利使用权全部转让给新公司——绍兴连达铸造技术研发有限公司，并由这个唯一的推广受让平台来专门实施该专利技术在国内外的产业化。其中，浙江八达铜业有限公司占总投资的85%，大连理工大学以技术作价入股，占总投资的15%。

好的技术永远不愁出路。新成立的绍兴连达铸造技术研发有限公司很快取得了良好开局。2006 年起，铜合金电磁连铸专利技术相继在北京赛尔克瑞特电工有限公司、台湾第一伸铜科技有限公司、宁波博威合金材料股份有限公司等实现规模化实施和产业化推广；2012 年，技术转让至韩国丰山铜业有限公司，是我国冶金技术向发达工业体逆向转移的少数成功案例之一。目前总计新增销售额近 30 亿元，利税 2.4 亿元，创收外汇 6586 万美元。中国有色金属工业协会组织专家科技成果鉴定结论为："国际领先水平，经济和社会效益显著。"❷

（三）相知方长久，合作不止步

为了建立长期、稳定的战略性双赢合作，在以上合作成立新公司的基础上，大连理工大学还采取了二级平台合作模式，即借助于在江苏常州成立的研究院作为基点来构建大连理工大学——长三角产学研科技合作网络，为绍兴连达铸造技术研发有限公司提供包括中试、工程化、技术培训等多项服务，以适于初创型中小科技企业的孵化。此外，还积极组建和参加技术和产业联盟，并通过制定技术标准和解决产业链配套问题等来进一

---

❶❷　项目名称为"高性能铜合金连铸凝固过程电磁调控技术及应用"，教育部推荐 2015 年度国家科学技术奖公示内容。

步为企业赢得市场份额优势。

在后续研发和专利成果输出方面，大连理工大学同样并未停止继续向前的步伐。除了以 CN200510047193.7 为代表的核心专利之外，还陆续提出了可涵盖圆坯连铸、管坯连铸、凝固机理调控及相关检测等一系列专利，如 CN200910308394.6（连铸结晶器铜板表面改性 WC – CU 合金层的制备方法及其应用）、CN201110103245.3（一种检测连续结晶器铜板局部热流的方法）、CN201110286393.3（一种水平连续铸造高导高强铜合金圆棒的装置及方法）、CN201110438895.3（合金凝固同步辐射成像可视化方法）、CN201110175780.X（半固态合金成型工艺及其所用成型装置）以及 CN201410632151.9（一种铜合金板带脉冲电磁振荡水平连续铸造方法及装置）等，相应地，基本实现了对核心技术的有效覆盖和保护，同时形成了对各种形状高性能铜合金的高质高效制备技术的严密专利网。

四、铜合金电磁连铸专利投资合作模式分析

该案例的转移转化过程方式不同于国内高校常见的专利权转让或专利许可等模式，而是由企业与高校共同组建新公司，将两个专利权人共同拥有的专利使用权全部转让给新公司，并由其作为市场主体来实施后续的技术许可和规模产业化。该模式可概括为投资合作模式，或者称之为合作创业模式（见图 1 – 5 –1），❶ 其特点主要包括：第一，专利权仍然掌握在高校及其合作企业的手上，高校方面以专利使用权作价出资，间接入股参与创建高科技企业，实际上涉及的是专利权技术实施许可，而不会发生专利权转让；第二，在专利技术的实施及产业化推进过程中，由高校和投资企

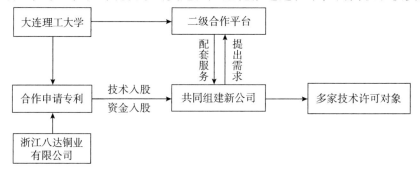

图 1 –5 –1　专利技术转移流程

---

❶　宋东林，等. 高校专利技术专利模式分析［J］. 中国科技论坛，2011（3）.

业各自发挥自身的优势来形成利益组合和资源互补，并始终保持由投资企业与高校共同组建的新公司作为市场主体；第三，注重构建二级平台合作来提供可持续的配套支撑服务，便于在产业化过程中随时解决面临的各种问题，有利于加速专利技术向国内外推广。

五、案例亮点及效益分析

综合分析该案例，核心亮点主要体现在以下两个方面：

（1）目前国内的高校专利技术转移存在多种问题，如供需双方交流信息不畅、配套专业化服务人才匮乏以及专利质量有待继续提高等，但最困扰校方技术团队和合作企业的突出问题，还是高校知识产权成果往往属于国有资产，其转移转化需要层层审批，相应带来的效率低、周期长、难度大等弊端，直接影响到后续产业化的推动进程，也从侧面反映出相关政策机制的配套问题。但在该案例中，由于在产学研过程中由高校和合作企业共同来提交专利申请，后期也并不需要发生专利权的转移，这样在客观上能够避开现有政策机制的各种弊端，同时提高高校专利转移转化的审批效率，加大转移转化成功率，并及时把握市场机会来展开产业化经营。然而，从另一方面看，如何客观、准确评估高校专利技术的市场前景和潜在价值，避免高校以无形资产入股过程中的利益损害，同样是此模式下需要注意的问题。在此情况下，高校自身成立的技术转移中心或者第三方独立机构，可以提供更为专业、全面和规范的专利价值评估服务，并在做好优质专利的质量管理、搭建技术交易信息服务平台，以及提供后续法律程序咨询等方面能够为高校及合作企业做好中介服务。

（2）市场活动所能够取得的效率和成绩，往往取决于市场主体究竟以何种方式配置。在该案例中，在专利技术的整个实施及产业化推进过程中，始终坚持以企业作为市场主体。一方面，合作双方共同成立的新公司既可充分汲取高校在特色技术上的优势，避免专利技术一转了事、后续乏力的窘态，又能够充分发挥企业主体在市场判断和运作，以及人事、财务、销售等环节的灵活性，形成良好的资源互补态势；另一方面，由于高校和企业均占有公司股份，使得两者在利益方面更为严密地捆绑，有效激励了下一阶段研发及继续扩展产业化的积极性，成立的新公司还能够根据合作双方的实际情况和需求来更富针对性地执行产业化布局，切实发挥市场主体的机动性来创造更大的经济效益和社会效益。

 **案例点评**

大连理工大学在科技成果转移转化方面的成功案例表明，在高校的科技成果转移转化方面，有以下经验值得借鉴推广。

一是创新合作机制能为科技成果转移转化带来成功保障。大连理工大学在专利技术产业化过程中，选择以共有专利技术入股与合作方成立新的公司，是合作机制的一大创新。这样的合作机制不仅解决了大连理工大学对专利权转移的后顾之忧，也为新公司顺利实施专利技术扫清了机制上的障碍，做到了"权属不变、收益长久"。这种全新的合作机制是该项技术成果能够成功的重要保障。

二是清晰权属收益是科技成果转移转化成功的持续动力。大连理工大学在产业化过程中开发的专利技术充分与合作方分享，共同申请专利，赢得了合作方的信任。在新成立的公司中，大连理工大学的技术占有15%的股份，这样的约定比例不仅非常清晰，而且在产业化过程中对技术创新的估值也在一个较为合理的区间内。让合作方处于产业化的主体地位和主要受益者，提升了合作方持续产业化的信心，这是产业化能够成功的重要动力。

三是坚持自主创新与市场需求紧密结合是科技成果转移转化成功的重要基础。大连理工大学的研发团队在技术创新之初就非常重视市场需求，因此能够与合作方很快达成合作意向。更重要的是在合作过程中，大连理工大学根据合作方的具体需求和项目实践继续开发实现了技术的重大革新，这是非常难得的。正是因为合作中的重大技术革新，为后来的产业化顺利实施奠定了坚实的基础。在合作实施阶段充分听取合作方的具体需求，持续投入科技创新，这是科技成果产业化的重要基础。

美国高校的技术转移化具有代表性的是斯坦福模式，通常被称为技术许可办公室模式（Office of Technology Licensing, OTL）。斯坦福大学技术许可办公室成立于1970年，帮助教师和学生申请专利并进行转让，并且由专业人员组成工作团队，负责专利营销和专利许可谈判，这些专业人员懂技术、懂法律，擅长商务谈判，被称为技术经理（Technology Manager）。技术许可办公室工作团队的专业性保证了斯坦福大学教师和学生申请专利的高成功率和转让成功率。在OTL下，专利收益实行"三三制"，专利一经转让，除去专利申请和转让过程的成本外，收益由学校、发明人所在院系和发明人本人共同分配，大概的比例是各占 1/3。该分配政策不仅调动了科研人员的发明积极性，鼓励大家参与专利申请和转让，又使发明人所在院系共同分享成果，积极为科研人员提供更好的研究平台，推动学术与产业的结合。OTL 不仅有利于实现学校科技成果转移的批量化和规范化，也为学校带来了巨额的商业利润。例如，1998 年，两名斯坦福大学学生拉里·佩奇和谢尔盖·布林带着他们的新搜索技术来到 OTL，OTL 发现了这项技术潜在的巨大价值，并帮助这两名学生成立了如今已是互联网霸主的谷歌。

总体来看，以市场需求为导向坚持自主创新、清晰权属收益、创新合作机制是高校的科技成果转移转化过程中需要关注的要点。但是每个高校面临的环境不同，在创新合作机制方面应当根据具体的情境探索更为高效的合作机制，更好地推动科技成果的转移转化。

6 桂林电子科技大学灾害探测
专利研发许可一体化案例

一、桂林电子科技大学专利转移转化概况

桂林电子科技大学❶是全国四所电子科技大学之一，始建于 1960 年。1980 年经国务院批准成立桂林电子工业学院，2006 年更名为桂林电子科技大学。桂林电子科技大学先后隶属于第四机械工业部、电子工业部、中国电子工业总公司、信息产业部，2008 年 3 月，成为工业和信息化部与广西壮族自治区人民政府共建高校。

近年来，桂林电子科技大学承担并高质量完成了多项国家级科研项目，在通信、测试、材料及元器件、信号处理、微波技术、卫星导航、指挥控制等领域形成了一批具有市场价值的核心知识产权。截至 2015 年 11 月，桂林电子科技大学共申请专利 1864 件，其中发明专利申请 1017 件、实用新型专利申请 760 件、外观设计专利申请 87 件。桂林电子科技大学高度注重产学研合作，积极将研究成果产业化、市场化，与多个地方政府、企事业单位合作，以专利转让和许可方式转化的技术项目高达 20 余项，合同金额近亿元，为解决行业关键技术难题，推动产业升级发展作出了重要贡献。

二、煤矿透水灾害探测专利技术转移转化背景

在矿产资源开采区，矿山水害是严重危害矿产安全的主要问题之一，

---

❶ 桂林电子科技大学官网．[EB/OL]．[2016－05－30]．http：//www.gliet.edu.cn/.

如何加强矿山水害预测预报，进而有效防范矿区透水事故，保障矿工的生命安全和矿区财产安全，是整个矿产行业乃至全社会所面临的重大问题。为了准确预测矿区水害风险，需要查明深部地质构造，探测矿区地下水、溶洞水、采区老窑水的准确位置以及储水状态，提供充分、准确的水害预警信息以便分析判断使用。

以桂林电子科技大学王国富教授为组长的"煤矿透水灾害探测关键技术研究及产品开发"项目组，经过多年研究，自主攻克了地下煤矿探测技术，利用地下不同物质电阻率不同的原理，采用超低频电磁技术研制出适用于我国煤矿产区的井下探水雷达。该雷达能够准确探测地面以下 1200 米以内含水层的方位和煤矿井下开采区内部、外围及掘进头前方储水结构，还能提供良性导体矿体如铁、锌、铜等的埋深、产状及蕴藏构造探测，地表含水层探测，断层含水性探测，工程地质勘探及环境勘测等。这对于丰富我国煤矿井下物探技术，提前探明突水隐患，减少和杜绝恶性透水事故发生，保障矿井安全具有重大意义。该研究成果受到了国家领导人的高度重视，并荣获广西科技进步奖一等奖。

2010 年，项目团队在研发过程中围绕煤矿透水灾害探测关键技术积极进行专利布局，从工作方法到具体装置，共申请 5 件专利并获得授权：ZL20101018708.6（随机共振瞬变电磁弱信号检测方法）、ZL20101020091.0（瞬变电磁探测回波信号的降噪方法）、ZL20102020898.0（瞬变电磁探测装置发射机）、ZL20102020900.0（两用光功率计）、ZL20102069489.6（探地仪发射机），形成较为完善的专利组合。

在此基础上，项目团队继续钻研，对研究成果持续改进，并及时固化形成专利，从 2010 年至今，项目团队共申请专利 52 件，其中发明专利申请 19 件、实用新型专利申请 15 件、外观设计专利申请 18 件，涵盖信号处理方法、发射装置、接收装置、雷达系统、检测系统以及产品外观等，从核心技术、外围延伸到持续改进的方案，对煤矿透水灾害探测关键技术构建了稳定有效的专利组合保护网。

三、煤矿透水灾害探测专利技术转移转化过程

为了有效查明矿区和矿井水文地质条件，有效遏制矿区水害事故的发生，2008 年，广西壮族自治区右江矿务局与桂林电子科技大学开展深度合作，共同推进"煤矿透水灾害探测关键技术研究及产品开发"项目，其

中，右江矿务局出资5700万元，委托桂林电子科技大学进行项目研发，双方约定了技术合作细节：研制成功后，专利技术归桂林电子科技大学所有，但右江矿务局优先获得专利许可，应用到自身的矿产开展中，同时有权实现专利技术的产品化和市场化。

在双方的合作过程中，为了在项目完成之后，能够及时将专利技术转化推广，2008年，右江矿务局与桂林电子科技大学还联合创办美联能源科技（集团）有限公司（以下简称"美联能源公司"）。其中，右江矿务局负责出资，桂林电子科技大学则主要提供技术支撑，在百色市市政府的支持下，双方联合成立百色市机电一体化技术研发中心、煤矿自动化采煤联合技术研究中心、矿山物联网技术应用研究院、美联科技研发中心、矿井信息化研究所、地球物探技术研究所、矿井通信研究所等科研机构，同时，美联能源公司还成立了美联天衡地质探测雷达制造有限公司、美联天力通讯装备制造公司、美联煤矿机械制造有限公司等下属制造公司。该案例的专利技术转化实施结构如图1-6-1所示。

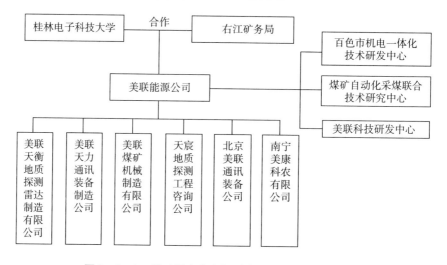

图1-6-1 煤矿透水灾害探测专利技术转化实施结构

这样，依托桂林电子科技大学的创新资源和技术支撑、右江矿务局的资金支持，美联能源公司形成了"研发中心+制造企业"的架构，能够快速孵化专利技术。2011年，在项目研究成功，右江矿务局使用专利技术的同时，双方联合成立的美联能源公司及时获得专利许可，快速对专利技术进行转化，形成TVLF煤矿探水雷达、ZTR矿用探水雷达等系列产品，并将专利产品推向市场，取得了不俗业绩。

四、煤矿透水灾害探测专利转移转化模式分析

在运营过程中，美联能源公司以右江矿务局与桂林电子科技大学联合创办的美联科技园、桂林电子科技大学美联科技产业孵化园为基础，有效推动了专利技术的产业化推广，并形成了一套产学研一体化的长效合作创新模式（见图1-6-2）。

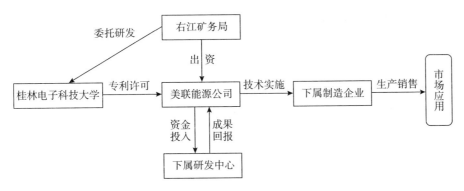

图1-6-2　煤矿透水灾害探测专利技术转化模式

在煤矿透水灾害探测专利技术产业化模式中，项目委托方、技术持有者、实施方以及市场应用主体四方主体有机绑定，有效支撑了煤矿透水灾害探测专利技术的推广实施。在具体运作过程中，右江矿务局委托桂林电子科技大学进行技术研发，桂林电子科技大学则主要承担技术研发与创新攻关，并将研发成果及时固化，形成有效专利组合，为后续的技术产业化打下坚实基础；右江矿务局提供资金投入，成立美联能源公司，并通过双方约定使得美联能源公司优先获得桂林电子科技大学的专利技术许可，美联能源公司负责技术的具体实施；美联能源公司下属的制造企业负责专利产品的生产制造，并以灵活的方式将专利产品推向市场，从而赢得收益。

其中，右江矿务局委托桂林电子科技大学研发是实现专利技术转化的第一步，通过提前约定，双方合作十分顺利，为下一步的产业化运用以及后续专利技术的成功运营奠定了基础。桂林电子科技大学将研发成果及时固化是实现技术产业化的关键，其有效的专利组合能够充分保护技术持有者以及投资方的合法权益，为之后专利技术产业化以及市场运作成功提供了必要支撑。

美联能源公司通过获得专利技术许可、聘请核心研发团队等手段，建立并完善了自身的研发体系，目前，美联能源公司共有来自北京邮电大

学、桂林电子科技大学、桂林理工大学的专职和兼职博士、教授等研究人员 178 名，为公司研究创新工作的开展提供了人才和技术保障。

实现专利产品化的步骤同样至关重要。美联能源公司获得专利技术之后，对专利技术进行充分消化吸收，利用相关人力、物力、财力，进行技术产品化的转化工作，经过严格测试、加工等环节，确保技术的可靠性，并交由多家下属企业制造生产，最终推向市场。

五、案例亮点及效益分析

目前，以煤矿透水灾害探测专利技术为基础的 TVLF 煤矿探水雷达、ZTR 矿用探水雷达等系列产品已经广泛应用于我国矿产行业，该系列产品具有国际领先水平，填补了国内煤矿探测技术领域的空白。

该系列专利产品不仅在市场上大获成功，为美联能源公司带来巨额回报。同时，该系列专利产品也为右江矿务局提供了强有力的科技支撑，经过对矿区的全面探测，在查明和排查水害威胁的前提下，右江矿务局大胆实施矿井整合，将原有的 23 对煤矿整合成 10 对，原煤储量由不足 1.2 亿吨提升到 2 亿吨，同时实施联合开采，煤炭产量从年产不足 120 万吨提升到 433 万吨，井下作业人员由 6500 人次减少到 2000 人次，有效延长了矿井服务年限，减轻了矿工劳动强度，提升了企业经济规模和经济效益。

经过煤矿透水灾害探测专利技术产品在市场上的大获成功，目前，美联能源公司与桂林电子科技大学的合作也不断深化，对其他专利技术也进行了有效转化并获得市场充分认可。分析煤矿透水灾害探测专利技术转化模式，有以下几点可供借鉴：

（1）产学研结合为专利技术的成功转化奠定了基础。围绕煤矿透水灾害探测关键技术，桂林电子科技大学、右江矿务局形成了一个典型的产学研模式，由右江矿务局委托桂林电子科技大学进行技术研发，并约定技术成果的归属和后续利用等条件，桂林电子科技大学在研究过程中，根据双方约定，先后申请多件专利，从信号处理、控制手段、检测方案、雷达系统、发射接收设备乃至产品外观等角度作了全方位的专利组合，及时将研究成果固化，对煤矿透水灾害探测关键技术形成有效的专利保护网，确保了专利技术的落地开花。

（2）有效的专利许可模式推动了创新合作的良性循环。在 52 件相关专利申请中，桂林电子科技大学掌握着最核心的专利技术，是典型的技术持有者，为了专利技术能够有效转化，桂林电子科技大学采用专利许可的模式，向美联能源公司实施专利技术许可，并从美联能源公司获取许可费用，为桂林电子科技大学后续的科技创新提供了必要的物质保障，而美联能源公司则通过出售专利产品，获得市场收益，并借助桂林电子科技大学的技术支撑，对产品不断更新换代，构建更为丰富的产品系列，从而不断保持市场领先地位。专利许可以及技术的推广形成了多赢局面，使得多方的创新合作不断深化。

（3）合理的运营结构确保了专利产品的成功运作。专利技术的产业化周期性较长，每个环节都伴随着一定的风险，而美联能源公司依托桂林电子科技大学的创新资源和技术支撑，结合自身形成的"研发中心＋制造企业"架构，在获得专利技术之后，组织相关人力、物力、财力，对专利技术进行充分消化吸收，在技术成熟之后，交由多家下属企业制造生产，推向市场，这为专利技术的产品化和商业化建立了包括评估、孵化、制造等环节的完整链条，有效推动了专利产品的市场推广。

 **案例点评**

桂林电子科技大学在专利技术转移转化方面的成功案例有以下经验值得借鉴推广。

一是政、产、研合作专利技术产业化的机制保障。在百色市市政府支持下，桂林电子科技大学和右江矿务局联合成立百色市机电一体化技术研发中心、煤矿自动化采煤联合技术研究中心、矿山物联网技术应用研究院、美联科技研发中心、矿井信息化研究所、地球物探技术研究所、矿井通信研究所等科研机构。这一举措首先从机制上保证了桂林电子科技大学专利技术转移转化的顺利开展。

二是"研发中心＋制造企业"的模式是专利技术产业化的发展动力。任何专利技术的产业化都会面临巨大的挑战，合作双方共同成立研发中心，同时合作方整合旗下制造企业支撑产业化发展，一方面打通了从研发到制造的通道，另一方面能够更好地跟踪产业需求，为专利技术产业化提供了发展动力。

三是紧密结合行业特色需求是专利技术产业化的重要基础。煤矿安全是采矿业特有的行业需求，不仅影响到行业的整体发展，也具有重大的社会公共利益价值。桂林电子科技大学能够结合行业的特殊需求开展研发工作是能够实现专利技术转移转化的重要基础。在产业化过程中，研发团队也能根据行业需求开发多个类型的产品来满足市场需要，也体现了对行业特色需求的高度重视。

该案例也印证了产业化前景是专利申请的重要基础。日本 1998 年颁布了关于促进大学等的技术研究成果向民间事业者转移的法律，鼓励大学设立科技成果转化中介机构（TLO）。高校的专利申请基本过程是发明者将技术披露给 TLO，由 TLO 组织相关专家进行筛选评定，具有产业化前景的技术才会被考虑申请专利。2004 年，日本对国立大学实行了法人化改革。这一改革对职务发明进行了全新规定：大学教员研究成果所得专利权归研究者所属的大学，大学可通过转让其专利技术获利。这使得各国立大学申请专利支持和介入 TLO 技术转移工作的积极性明显增强。此外，民间专家和企业开发研究人员还会被派遣到大学技术转让机构，推动产学研一体化。

总体来看，高校通过产学研结合，理顺合作机制，创新合作机制，依托特色专业，紧密结合行业特色需求开展专利技术转移转化是一个值得借鉴的模式。但是每个高校特色专业不同，面临的行业特色需求也有较大差异，如何利用产学研顺利实现科技成果的转移转化，是值得探索的方向之一。

7 英国诺丁汉大学露点空调专利许可案例

一、英国诺丁汉大学概况

英国诺丁汉大学❶建于 1881 年，是英国著名的重点大学，曾荣获"女王企业奖"和英国教育领域最高等级的国家奖——"英国女王高等教育年度奖"，是欧洲各国公认并推崇的高等教育学府。在 2000 年，英国《金融时报》与《泰晤士报》评诺丁汉大学为"英国十大顶尖大学"之一。在 2002 年美国《时代》周刊评出的"英国五所最受欢迎的大学"中综合排名第一。2012～2013 年世界排名（QS）第 72 名。诺丁汉大学在中国宁波和马来西亚吉隆坡建有海外校区，即宁波诺丁汉大学和诺丁汉大学马来西亚校区。

二、露点空调专利技术转移转化背景

东莞科达机电设备有限公司❷坐落于世界制造业名城——中国东莞，拥有总占地面积达 2 万平方米的现代化工业厂房，设有国内最先进和最大型的蒸发效率实验室、风量风压测定实验室和噪声测定试验室，毗邻 107 国道、广深高速公路出入口，紧靠东莞市高标建设的五环路，交通便利、快捷。"科瑞莱"蒸发式降温换气机组，是东莞市科达机电设备有限公司

---

❶ 英国诺丁汉大学官方网站［EB/OL］.［2016－05－30］. http：//www. nottingham. ac. uk/。
❷ 东莞科达机电设备有限公司官方网站［EB/OL］.［2016－05－30］. http：//kedakeruilai. cn. china. cn。在该案例中，英国诺丁汉大学和东莞科达机电设备有限公司分别作为专利技术转移协议中的甲方和乙方，笔者为项目操作方。

自主创新研发、生产的专有产品，该产品已获多件外观设计专利和实用新型专利，通过多项权威认证和检测，荣获国家级、省级、市级多种荣誉称号。"科瑞莱"专心于蒸发降温冷却技术的研究与开发，与国内著名院校保持密切的技术交流。

为了避免工业产品中的氟氯碳化物对地球臭氧层继续造成恶化及损害，联合国在 1987 年邀请所属 26 个成员在加拿大蒙特利尔签署《蒙特利尔破坏臭氧层物质管制议定书》（以下简称《议定书》），中国政府于其后的缔约方第 3 次会议上正式签署了《议定书》伦敦修正案。

《议定书》规定需要淘汰的物质包括六大类：全氯氟烃、哈龙、四氯化碳、甲基氯仿、甲基溴和含氢氯氟烃。其中，要求发展中国家在 2010 年全部淘汰全氯氟烃（CFCs，即氟利昂）。作为缔约国之一，中国主动对外承诺将自己的"禁氟大限"从原定的 2010 年提前至 2007 年，比《议定书》规定的时间提前两年半。2007 年 7 月 1 日起，中国全面禁用氟氯碳化物 CFC－11、CFC－12 和 CFC－113（氟利昂类制冷剂）。

由于氟氯碳化物 CFC－11、CFC－12 和 CFC－113 的替代品仍需长期的研发，很多替代品其工业性质均逊于氟氯碳化物，亦不耐用。在此背景下，各从业者如海尔、美的、格力纷纷开始研发、找寻新的制冷剂替代品和相关技术。

三、露点空调专利技术转移转化过程

（一）规划先行，发掘潜在问题

从技术转移流程角度来说（见图 1－7－1），针对氟利昂类制冷剂的技术需求，首先需要完善路径分析。除常规制冷剂氟利昂类之外，还有电机化合物制冷剂、混合制冷剂和碳氢化合物制冷剂，项目经理人应针对这一特点在路径设计过程中进行详细的行业分析。就制冷剂来说，其行业的地域性、行业性和功能性非常明显，在世界主要国家中对制冷剂的替代要求不一，如在日本常规的制冷剂 R410A 和 R407C 是两种主流制冷剂，但这两种新产品都面临着需要对已有设备和零部件进行改造，以及成本过高等原因并不能得到工业使用者和家电生产厂家的认可等问题；在英国当时最流行的是 R410A 系列的制冷剂，但根据 2008 年欧盟委员会的草案规定，汽车空调系统中使用制冷剂的 GWP 最高不得超过 150，所以在英国同样是已逐渐开发出新一代的 R32 系统，并于 2015 年 7 月 20 日在英国 Worcestershire 第一次安装。可以看出，制冷剂在不同国家的发展情况和需求类别各不相同。

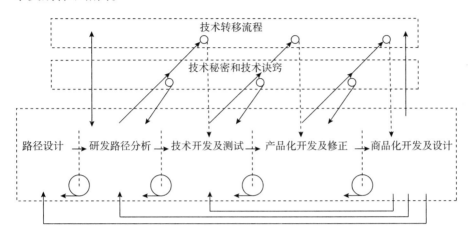

图 1 - 7 - 1 技术转移一般性流程

（二）综合考量，实现技术匹配

技术匹配又称技术对接，是指各种相关技术要素之间的依存关系。针对氟利昂类制冷剂替代品这一技术需求，为筛选技术本体与技术供体，需针对相关机构进行大量调研走访。经项目经理人与全球不同国家的 50 余家大学、研发机构和企业进行了联系沟通，初步将露点❶技术作为技术本体，并最终锁定了 6 家机构进行了接洽；随后联系多家国内相关行业企业，与相关技术人员进行了深入的技术交流、分析、洽谈，最终选定来自英国的诺丁汉大学和东莞科达机电设备有限公司作为技术对接双方。通过一系列的沟通和谈判，双方于 2009 年 10 月正式签署技术授权合同，东莞企业向诺丁汉大学一次性支付技术许可费 15 万英镑（up - front fee），并在合同签署后的 10 年内每年支付给其 10% 的销售提成。

（三）服务跟进，制定产业化战略

技术授权合同的签署是技术转移中的重要一环，但也只是技术转移闭环的中间站。合同签署后，若没有更加深入细致的研发人员交流和商品化

---

❶ 在化工中，将不饱和空气等湿冷却到饱和状态时的温度称为露点。在空调中技术中，主要用来通风除湿。

策略，一纸专利便毫无用武之地。在合同签署后，项目经理人在大学和企业间利用其熟悉中国、英国双边商业工作习惯和知识产权保护的优势，在双方对知识产权保护、运营手段不熟悉等问题出现意见相左时积极协调，将几次濒临崩盘的谈判拉回到正确的轨道上。同时，在这个过程中，技术经理人需要不断地和技术发明人探讨并发掘新的衍生技术和核心技术，并通过反复验证、路径设计、技术开发，选择适合的知识产权保护方式。

（四）知识产权保护和商业化

做好知识产权保护和合同撰写是保障高校和企业利益的重要手段，尽管在北京、上海、广州、深圳等地区，知识产权保护已经非常普及，但在全国大多数地区，这方面的概念、意识的普及仍处于相对较为初级的阶段，项目经理人需在这个过程中帮助双方撰写合同，向两国机构解释双方知识产权制度和相关法条的差异，第一时间消除误会，帮助双边企业进行妥善的知识产权保护，运用法律的手段保护双方利益。

四、露点空调专利技术转移转化模式分析

对于技术转移项目来说，由于其具有"周期长、信任难、变化多、风险大"的特点，所以每个项目对于不同的区域，不同的目标受众，不同的技术阶段操作方法和手段亦不相同。

在这个过程中，如何能够让潜在技术受让方更好地了解技术本身的实际价值和专利价值，商品化所需的投入成本范围，潜在风险及预期收益量、周期则显得尤其重要。技术转移项目常见的模式如图 1 - 7 - 2 所示。

为了提高技术流动效率，全国各地涌现出了各种各样的联盟、网上技术交易市场、平台等不同形式的技术交易工具，而实际的技术交易促进效果并不好，与忽略了这一过程中"操作者"即技术经理人的重要性和不可替代作用不无关系。

国内很多技术经理人更多的是关注国内高校与企业间的技术转移、产学研合作，在对全球创新资源的把握、技术先进性的判断、定向技术集成的目标区域选定上存在盲区。因此，无法及时有效地为企业提供足够专业化的服务，而且各省市技术经理人的水平差异很大。作为技术转移过程中的操作者，为了更有效地整合资源，需要具有更多国际视野、熟悉东西方

商业文化、懂技术并且及时了解和学习国际国内知识产权法律法规。

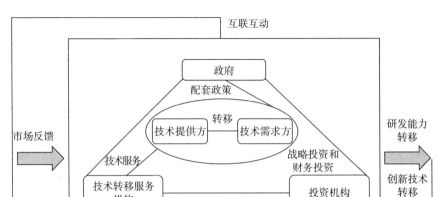

图 1 - 7 - 2　技术转移项目常见模式

五、案例亮点及效益分析

专利技术转移是指专利权人将其拥有的专利技术使用权或所有权在法律授权保护区域内转让给另一方，获取相应对价的商业行为。多年以来，我国技术转移管理体系已经初步形成，专利保护和转移促进的法律体系逐渐完善，技术交易机构的数量也逐渐增多，且涉外专利引进数额呈逐年增长趋势，专利技术转移和转化前景广阔。

根据知识产权商品化理论，通过技术拆解和技术评估分析算法可以得出以下结论：需做好基础技术侵权分析和技术排查；需做好核心技术评估和相关分析，选择发明、实用新型、技术秘密等最合适的保护形式；要做好衍生技术应用性分析和竞争性分析，预判可能的合作伙伴或竞争对手。

在该案例中，由于露点空调在昼夜温差大、干燥区域的使用效果明显，通过项目经理人的引导沟通，东莞企业和诺丁汉大学的技术发明人一起，着眼于已有空调制冷产品的情况及目标市场特点，最终成功地开发出一系列符合东莞企业在中国西北地区目标市场的新产品，实现了大学、企业、用户的多赢局面。

案例点评

在经济全球化的今天，国际科技合作日益密切，国际技术转移日益频繁，在全球技术转移网络的支持下，创新资源实现优化配置。我国作为发展中国家，需要引进吸收国外先进技术，尤其是作为负责任的大国，在应对气候变化等方面，对绿色环保的技术需求很大，该案例所涉空调制冷剂即是一例。在该案例中，专利技术转移机构主动出击，把握了该类技术的转移需求，对供方和需方都进行了筛选，而非由某一方委托，去寻觅其所需或出售的专利技术，在此过程中，技术经理人发挥着"总导演"的作用。

通常，基于语言文化、制度环境等差异，国际技术转移面临更为复杂繁重的沟通、磋商任务。该案例虽未深入具体细节，但知识产权保护方面的分歧是技术经理人需要沟通、消弭的重要方面。一般而言，国外技术转移主体的契约意识和知识产权意识相对较强，在谈判中比较较真。技术转移的过程伴随着专利技术的许可转让，也牵涉转让许可之后的共同开发或某一方继续开发的知识产权归属和保护策略问题。有时，后者的谈判更为艰难，甚至是决定技术转移成败的关键性因素。在该案例中，技术转移双方就因为知识产权保护等问题使谈判数次濒临崩盘。因此，国际技术转移对技术经理人的专业能力要求尤为严格，既能完成惯常的技术转移任务，又需要国际化运作和资源整合能力，还要具备知识产权专业知识，能够为交易双方提供可接受、可实现的知识产权解决方案。

2015年3月，《中共中央　国务院关于深化体制机制改革加快实施创新驱动发展战略的若干意见》提出："坚持引进来与走出去相结合，以更加主动的姿态融入全球创新网络，以更加开阔的胸怀吸纳全球创新资源……"可以预见，在我国打造开放型经济新体制、打开开放创新新局面的大趋势下，将需要更多的国际技术转移机构、更专业的技术经理人队伍。

8 中国、英国草莓脱毒快繁农业专利技术转让案例

一、英国东茂林果树研究所与北京市农林科学院林果所概况

英国东茂林果树研究所（以下简称"EMR"）位于伦敦的东南部，占地 233 公顷，在培育选择砧木和接穗、新品种繁育，尤其是核果类作物、蔷薇科作物和藤本类作物方向有 102 年的历史，培育了一批优良砧木和品种。EMR 果树育种的成功得益于果树栽培、果树生产、植物保护和采后生物学等研究领域的密切合作。以 EMR 为主体的英国苹果和梨育种俱乐部（The Apple and Pear Breeding Club）是英国果树研究和育种中心。

北京市农林科学院林果所❶成立于 1958 年，占地 40 公顷，是北京地区专门从事林果资源、育种、栽培、生理、生物技术及果品贮藏、加工、科研的研究所。建所以来，已获得部级、市级科研成果 90 多项。培育审定、认定了桃、杏、葡萄、草莓、板栗、核桃、山楂、枣、扶芳藤、桧柏、毛白杨等 100 个品种。每年在核心期刊、一级学报及国外学术期刊上发表论文 40 余篇。目前承担着科技部、农业部、国家林业局、北京市科学技术委员会、北京市农村工作委员会、北京市发展和改革委员会等下达的国家科技支撑计划、"863 计划""948 项目"等课题。

---

❶ 北京市农林科学院林果所官网. ［EB/OL］. ［2016-05-30］. http：//www. lgs. baafs. net. cn/.

二、英国东茂林果树研究所"脱毒快繁"专利转移转化背景

草莓属蔷薇科多年生草本植物，果实鲜红美艳，在世界小浆果生产中居于首位。草莓原产地在南美洲、欧洲等地，1915年从俄罗斯传入中国。随着改革开放的不断深入，我国草莓种植业发生了根本性的变化，草莓在短时间内成为新兴水果品种，并进入商品化生产。随着我国各地不断引进国外优良品种（如日本品种丰香、红颜、章姬等，美国品种甜查理等），国内许多科研单位也自主培育和研发新的草莓品种；与此同时，利用温室、大中小棚等栽培方式实现了在北方地区种植草莓。在多重因素的激励下，国内草莓生产迅速扩张，成为我国农业的一种新兴种植业。

然而，伴随草莓在我国的兴起，针对草莓的各类问题也接踵而至。自21世纪以来，草莓病毒病日趋严重、不宜储存、易受污染等问题不断涌现。草莓"脱毒快繁"领域的技术主体备受我国有关机构重视。

三、英国东茂林果树研究所"脱毒快繁"专利转移转化过程

2012年，第七届世界草莓大会在北京市昌平区举行，60多个国家和地区的1000多名代表参加学术研讨，草莓综合展示活动参加人数达50万人次。作为全球草莓界的最高级别盛会，每一届大会的圆满召开，都有力地推动草莓科技与产业的快速发展。北京市农林科学院林果所着眼于第七届世界草莓大会，希望通过各项会议、学术研讨、文化交流来解决草莓脱毒和幼苗快速繁殖等根本问题。北京市农林科学院林果所在参与大会学术研讨时指出，我国常见的草莓病毒分为4种，分别是草莓轻型黄边病毒（SMYEV）、草莓皱缩病毒（SCrV）、草莓囊脉病毒（SVBV）和草莓斑驳病毒（SMDV），且这些病毒可致使草莓植株感染率超过50%，而传统的高温脱毒法、茎尖培养脱毒法的脱毒效果有限，不能完全克制幼苗的死亡率，而草莓常规苗木繁殖，大多繁殖系数较低，成本较高。而草莓脱毒可以明显增产，增产效果20%~50%，且长势旺盛，结果增多。单果重增加，着果力增强，商品果率提高15%~20%，品质好、含糖量高、耐储运，经济效益可观。如何取得适合我国的新型幼苗脱毒技术并增速幼苗繁殖，是

迫切需要解决的重要问题。

　　在北京市农林科学院林果所提出上述问题后，EMR 的与会者表示，草莓繁殖首先要筛选出适宜草莓无性繁殖的最佳培养基，即基本培养基、有机物、无机物和微量元素的配置比例，以及植物生长调节剂含量的多少以及所需的浓度等。其次是探索出草莓在无性繁殖过程中所需要的最佳外界环境条件如光照、温度等。最后通过建立完善的技术推广体系迅速扩大新技术的应用面积。在无病毒苗繁殖过程中，最重要的是防止再感染。经过草莓分生组织培养脱病毒和脱毒苗鉴定，确认为脱毒彻底的脱毒苗后，这种脱毒苗为原种苗，应尽快加速繁殖，同时采取有效的防病毒感染措施。

　　在之后的洽谈中，双方通过技术联合开发、品种权分析、知识产权保护和商务合作推广计划等一系列活动，英国东茂林果树研究所最终协议转让共计 30 种新草莓品种以及草莓种苗脱毒快繁技术给北京市农林科学院林果所（USPP24394（P2）、US2013097755（P1）），并由双方共同设立中英草莓技术合作工作室（见图 1 - 8 - 1）。

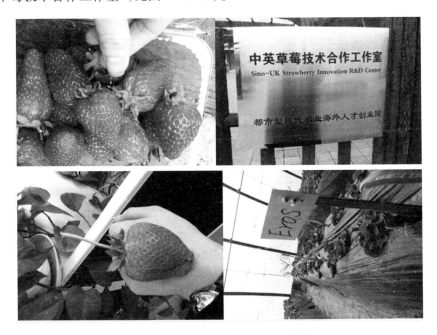

图 1 - 8 - 1　中英草莓技术合作基地

　　研发中心设立后，经过品种改良和脱毒快繁技术处理的草莓在北京、四川和浙江等地进行大面积种植，并从 30 个品种中进一步筛选出 2 个适合于亚洲人口感的优秀品种进行杂交和进一步推广。经过 3 年的连续杂交繁育，2014 年脱毒草莓产量同比增长约 30%，实现销售额 180 万元。

四、英国东茂林果树研究所专利转移转化模式分析

（一）农业技术转移

在该案例中，技术转移的对象除英方提供的草莓新品种外，还包括"脱毒快繁"技术的专利。在我国加速产业结构升级的今天，对技术转移的重视程度与日俱增，专利作为技术转移中的重要载体，其在技术转移过程中的运营方式逐渐成为一门应用性学科。可以说，专利的运营程度决定了技术转移的效果，执行技术转移的方式亦对专利的收益影响巨大。二者相辅相成，密不可分。

农业的技术转移是将农业技术成果直接应用到生产实践中，通过评估、示范、推广等手段使新技术得以迅速应用。农业技术转移的周期漫长、形式多样且条件复杂，建立有效的农业技术转移机制，是实现农业现代化的必要条件。农业技术转移一般模式如图 1-8-2 所示。

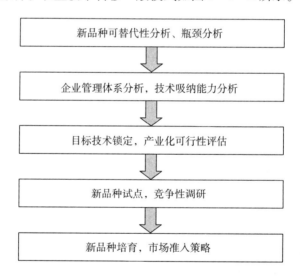

图 1-8-2　农业技术转移一般模式

"脱毒快繁"技术作为该案例的技术主题，承担了技术转移中目标技术的核心。北京市农林科学院林果所通过"脱毒快繁"技术解决草莓病毒的可行性分析，确定了新品种利用英方技术在我国产业化的实现能力，而后在合作基地通过多年的试验培育，最终将适合于我国民众口味的脱毒品种成功投放市场。

国际社会不仅重视农业技术研发及其在国内范围内的转移应用，而且提出农业技术国际转移的必要性，通过全球范围内的技术转移和一定区域的技术共享与服务，才能最大效应发挥农业技术的效益，促进全球农业生产水平提高。当下，我国农业技术转移机制不断完善，搭建农业技术转移平台、创新公共财政支持、完善农业技术转移法律制度等举措在保障农业技术中介服务组织利益的同时，有效促进了农业技术转移。同时，国内机构在实践中逐渐认识到，实现专利价值是开展技术转移的最终目的之一，探究有效的专利运营模式，已成为实现技术转移中专利价值的必经之路。

（二）农业专利运营模式

北京市农林科学院林果所案例的成功，一个重要原因是有效的技术资源对接，另外，则归功于 EMR 针对农业的高效运营模式。专利运营的本质，是充分实现专利的财产功能。传统意义上的专利运营模式既包括买卖或者许可专利，也包括通过更加复杂的许可模式和金融运营手段实现价值。

EMR 的专利运作模式（见图 1-8-3）可以概括为以下 3 个阶段：第一阶段，募集资源，组建专业团队进行有针对性的专利投资定向；第二阶段，专利的确认与集中，通过自创、购买、合作三种方式搭建农业领域的专利池；第三阶段，通过专利许可或转让的方式开展专利运营。

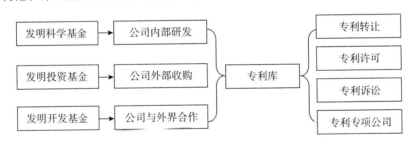

图 1-8-3　EMR 的专利运作模式

在专利技术转移之前，EMR 的专利运营团队与北京市农林科学院林果所方面紧密沟通，针对我国土壤、环境等生态因素综合分析草莓病毒成因，之后通过对专利技术的筛选，从技术吸纳能力的角度与北京市农林科学院林果所建立全面战略合作关系，双方共同建设合作试验基地，并派驻专业技术人员协同研究。经过短短 3 年时间，EMR 和北京市农林科学院果林所培育出了具有适合地域性的特色草莓品种，在"脱毒快繁"的基础上大大减少了畸形草莓的出现率。随着草莓的量产，最终实现了较好的经济效益，且深受好评。

在国际社会，尤其是发达国家，一项农业科技成果通过私营部门的开发而推广到社会，将会产生更好的社会效益。从根本上讲，农业的专利技术有着"取之于民，用之于民"的重要特征。多渠道打包专利以实现专利的增值，将专利技术与产业需求有机结合以实现专利价值，"一站式"运营服务使专利效益最大化，这些均值得我们借鉴。

五、案例亮点及效益分析

（一）注重技术转移的分析工作

农业技术转移和专利运营的根本效益在于提升知识产权质量，并实现资本收益，这就确定了技术转移分析工作的重要性和地位。就农业技术转移本身来说，注重农业技术转移效果的分析，尤其应以农业科技成果转化效率的提高为重要目标。国外在对农业技术转移效果分析中针对性、实践性强，研究细致深入，对于国家资助的实验室、大学都有绩效监测体系，大多数从投入产出的角度分析科研资金投入的效益。在接纳新型技术专利时，应考虑技术应用和成果转化的可行性，依据产出效果不同对其进行分类，方便对技术成果转化过程进行追踪和监测，这种以技术转移效果为导向的分析办法，对于提高技术的实用性、可行性具有重要的督导作用。

（二）选择适当的专利运作模式

专利运营是实施专利战略的有效路径，也是构筑企业竞争力的重要基础。企业应以技术和财务因素为重点，结合市场竞争程度，进行综合考量。将专利技术分为发展、成熟、衰退 3 个阶段，将财务分为优良、一般两个层级，同时结合绝对优势、相对优势、相对弱势 3 种竞争类型，对上述要素进行排列组合。例如对于有绝对竞争优势、技术相对成熟、财务状况一般的企业，可采取转让或许可发明专利的方式；对于技术处于发展阶段、有相对竞争优势、财务资金情况良好的企业，可自主实施专利技术，直接生产产品向外出售（见图 1 - 8 - 4）。

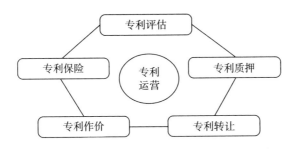

图 1 - 8 - 4　专利运营模式中的"五位一体"

此外，可结合以下具体情况和实践经验进行综合研究，选择最佳专利运营方式：一是转让专利。二是专利许可。三是专利质押融资，如果技术成熟且被市场认可，其专利价值能得到较好的评估和预测，而企业无相应的经济能力，就可借助专利技术作为担保，通过质押从银行获得资金支持企业发展。四是知识产权证券化。五是专利技术出资，将发明专利当做资本投入公司，内化成为公司资本的一部分，或作为资本出资成立新的公司，实现专利技术的价值转换。

EMR 以草莓品种选育推广为主，培育抗病虫品种，减少农药使用量；加以商业公司的支持，建有大型现代化育苗温室，高度自动化温湿度控制和自动灌溉系统，可以提供高质量苗木。这种隶属于发达国家或组织在农业技术转移中的优势，在成功进行技术转移后，将为受让方带来科学技术进步与社会生产力的发展。以此为借鉴，也向我们提出了对优化我国农业专利运营模式的新的建议。

 案例点评

农业领域的技术转移具有一定特殊性，一方面，涉及的知识产权类型不同，主要是植物新品种，也可能涉及专利技术；另一方面，农业技术的转移过程中，受让方的本地化改造问题尤为突出，因为环境、土壤等不同，对农业技术、植物品种的适应性不同。

该案例所涉农业技术既包括草莓的植物新品种，又涉及"脱毒快繁"的专利技术。目前，国际通行的植物新品种保护模式是由 1961 年《国际植物新品种保护公约》（UPOV）奠定的，该公约规定成员国可以选择对植物种植者提供特殊保护或给予专利保护，但两者不得并用。包括我国在内的多数成员国，采取的是植物品种权的保护方式。随着生物技术的发展，植物新品种保护要求用专利法取代专门法的保护，加大对培育者权利的保护力度。1991 年，UPOV 进行了第三次修订，增加了一些条款供成员国选择适用，加大了对植物新品种的保护力度，放弃了禁止双重保护的立场。作为工业产权的一种类型，植物新品种权融入专利制度已经成为国际发展的趋势。

在该案例中，英国东茂林果树研究所协议转让了 30 种草莓新品种，但最终筛选出的适于亚洲人口感的优秀品种只有 2 种，且还要进一步杂交和推广。农业技术转移成果需要漫长的选种育种过程，该案例的技术供需双方共同成立了中英草莓技术合作工作室，开展深入的技术开发合作，从而确保前期的草莓品种和专利技术转移效果。

在打造开放型经济新体制的背景下，充分运用全球创新资源，深度融入全球创新网络，是我国发挥后发优势，积极进行技术追赶的必然选择，也是产业结构调整、转变发展方式的迫切需要。在该案例中，第七届世界草莓大会的国际交流对接平台，中英合作共建研发中心等做法值得其他行业、地区学习借鉴。

此外，EMR 的专利运营模式分为 3 支基金、3 个阶段，其实归结起来就是两个阶段，专利储备和专利运营，储备的 3 种途径对应着发明科学基金、发明投资基金和发明开发基金 3 支基金。这与高智发明所成立的 3 支基金如出一辙，也充分说明了形成大规模集中化的专利池或专利储备无外乎这 3 种方式。我国企业甚至公共机构可以结合自身实际和特点，借鉴这 3 种模式开展专利运营工作。

9 爱尔兰食品生物研究院保鲜设备与
专利转让案例

一、爱尔兰食品生物研究院（AFBI）概况

AFBI 成立于 2006 年 4 月 1 日，由农业和农村发展部门合并成立，由独立的管理委员会负责和监督其运作。AFBI 为政府部门和公共机构以及商业公司从事高新技术研发、分析和诊断功能测试。AFBI 的非政府部门公共机构特性使其能够更具创造性和创业性。目前，AFBI 正在形成和其他科学机构和研究机构的合作伙伴关系，并进一步拓宽领域。这使 AFBI 能够在农业、动物健康、食品、环境和生物科学等领域更具特色，也更广泛地拓展了潜在的国内和国际客户。

二、"超高压保鲜"专利技术转移转化背景

食品加工是广义农产品加工业的一种类型。"十二五"以来，我国农副食品加工业有了较快的发展，已成为具有较强发展潜力的产业。

北京食品科学研究院是北京二商集团有限责任公司设立的既为支撑其食品工业也为食品行业服务的食品科研机构。研究开发工作涉及肉类食品、植物蛋白及淀粉、发酵调味品、营养保健及方便食品、果蔬加工和环境保护等。同时承担着"国家肉类加工工程技术研究中心""国家农产品加工技术研发体系——畜产品专业委员会主任委员单位""市场准入（QS）肉制品专业技术委员会主任委员单位""中国菌种保藏委员会工业微生物中心站酿造分站""中国调味品协会技术研究发展中心"的机构管理工作。上述研究机构承担了大量的国家级、省部级科研项目，

且一大批成果在行业中得以应用，对食品工业的科技进步起到了重要作用。

"十二五"期间，北京食品科学研究院针对行业发展的趋势，依靠其多学科融合发展、联合攻关的优势，开展前沿技术、原始性创新和应用基础研究，努力形成对行业具有引领作用的核心技术和具有知识产权的创新（或实用）成果。针对研究院自身可持续发展的需求，不断地探究科研开发的规律，探索研发为市场服务，研发与生产实际相结合、与资本市场相融通的新途径，不断优化资源配置，营造研究创新的环境，构建创新发展的经营运作体系，成为国内一流、国际知名的科研机构。

随着农产品加工业的不断发展，人们消费观念的不断更新，农产品保鲜特别是绿色保鲜的重要性日益凸显，各种保鲜技术应运而生，极大地改善了农产品质量，减少了农产品损失，提高了农产品生产效益，促进了农产品加工业发展。然而，目前质优价廉的保鲜设备及保鲜技术还比较缺乏，因此，北京食品科学研究院长期以来一直致力于这方面的探索研究，以期获得健康、卫生、长效的食品保鲜技术方法。

超高压处理（Ultrahigh Pressure Treatment）技术❶，又称为高静压处理技术。超高压食品就是用超高压加工法处理的食品，使用此种技术把食品置于数千个大气压之中，在不损害食品材料本质的情况下对其进行调和、加工、杀菌。虽然淀粉和蛋白质失去了本来的面目，变得表面发光、质地细腻，但色香味都不失原有风味。用这种技术加工的食品不但无菌、保鲜时间长，而且还能使食品增添附加价值，成为人们理想的食品。

"十二五"初期，我国超高压技术在农产品加工中的应用还处于起步阶段，国内对食品超高压技术研究较有影响的科研单位寥寥可数。2010年，中国农业大学和北京首都农业集团有限公司为改善我国超高压食品加工技术和设备上的现状，计划设立"十二五"课题，以研究超高压保险设备。在课题设立初期，初定研究设备目标压力为300~400MPa，后经知识产权分析发现，发达国家已经突破此界限，正在研究800~1000MPa的超高压力设备。受此影响，北京食品科学研究院开展了与国际社会超高压设备和技术对接的任务。

---

❶ 食品超高压保鲜技术理论及实验研究［EB/OL］.［访问日期不详］. http：//www. doc88.com/p‐071800408742.html.

三、"超高压保鲜"专利技术转移转化过程

（一）深入分析，了解实际情况

北京食品科学研究院首先针对我国目前的超高压设备和对应的保鲜技术进行了广泛剖析。研究发现，性能完备的超高压处理设备是开发超高压食品的必要抓手之一，另一方面则是需要具有匹配设备的专利技术。我国超高压保鲜领域产业化程度较浅的原因主要有：一是当前超高压处理设备落后；二是缺乏保鲜技术成果；三是超高压保鲜设备造价昂贵。并且，作为超高压食品灭菌和保鲜的重要设备，在满足加工产品要求的同时，也需要具有一定的灵活性，即能进行多种食品的超高压加工和生产，具有一机多用的功能。

（二）初步试点，发现疑难问题

通过对设备和技术需求的分析，北京食品科学研究院委托中英科技创新计划（ICUK）❶ 着手开展了一系列针对超高压保鲜设备和专利技术两方面的对接工作。在与 AFBI 的接触中，北京食品科学研究院发现，目前国外常见的食品加压装置由高压容器和加压减压系统两大部分组成，其中高压容器是整个设备的核心，其工作条件严格苛刻，为保证安全生产，其容积一般在 1～50L，结合国外的最新技术，可以使超高压食品加工装置承受压力高达 800MPa，且可多次循环载荷。

由于我国当年在超高压装置设计方面尚无十分完善的标准，北京食品科学研究院首先力争取得了 AFBI 的超高压装置出让权，用以在国内进行超高压设备设计规范拟定和生产试点。在对新设备构造分析和超加工食品生产试验中，北京食品科学研究院发现了两项重大问题：我国可以大体仿造 AFBI 的全套超高压保鲜设备，但设备中的核心部件（加压装置和冲压件），仿造后进行一次生产加工便会无法正常运转，必须更换才可进行第二次加工，这对于超高压食品的制造成本和生产附加时间，都造成了极大的影响。经过走访发现，AFBI 的此类核心部件可以持续使用 1～2 年。以

---

❶ 中英科技创新计划（ICUK），为英国企业在中国市场寻求开发和商业化的研究和技术提供全方位的服务［EB/OL］.［访问日期不详］. http://www.icukonline.org/index.shtml.

我国现有的超高压处理食品方式，和新设备的处理强度不完全匹配，不易于产业化。由于面临上述问题，北京食品科学研究院再次与 AFBI 开展了交流对接工作。

（三）全面合作，巩固对接强度

北京食品科学研究院针对核心部件寿命等问题和 AFBI 相关人员展开交流后发现，制造生产高压容器时首先应当考虑如何选择合理的材料。超高压容器的材料应当具备力学强度高、断裂韧性好、回火脆性低并有一定的抗应力腐蚀性等特点。这样才可以缩短生产附加时间，产量才能提高。针对超高压食品的加工处理，AFBI 主要采用超高压静态和超高压动态处理两种方式，两种方式分别适用于小批量固体、液体食品和大批量液体、液固混合食品的生产，且处理工艺简单，可连续生产，易于实现产业化。

由于借助国内现有材料和工艺，暂无法实现核心部件的生产和相关技术的镶嵌，在与 ICUK 的对接下，最终北京食品科学研究院选定 AFBI 作为设备和专利技术供体。通过数个月的知识产权分析、商业计划拟定与跟进对接，最终和 AFBI 签订合作协议并接受英国提供的压强在 800MPa 超高压保鲜加工全套设备和技术转让，其中关键部位零件采用进口方式取得。目前，以 AFBI 超加工保鲜工艺为基础的加工食品已经顺利形成产品，在我国南方沿海各大城市销售并广受好评。

四、"超高压保鲜"专利技术转移转化模式分析

在该案例中，北京食品科学研究院针对技术主体的对接方式值得借鉴。技术转移中的主体转让有别于一般的技术传播，它不仅指技术知识以及随同技术一起转让的机器在空间的转移，而且指技术在新的环境中被获得、开发和利用有机统一的完整过程。从这种意义上看，技术转移不只是获得一种生产知识，而且具有建立国家技术能力的战略意义。技术转移的实现是一个相当复杂的过程，其中必将涉及多个主体的共同参与和多种因素的共同影响，其中包括：技术转移者、技术接受者、政府、技术本身、转移壁垒和转移途径等基本要素。

技术转移者是运营过程的一端，必须具备最基本的技术转移的意愿和能力。当技术转移者拥有一定的技术优势，且其利益全部或部分与接受者

一致时，技术转移就会发生。因此，与技术转移意愿和技术转移能力相关的一些问题也成为关注的中心；技术接受者处在技术转移过程的另一端，技术转移能否成功与以下两个因素密切相关：第一，不管出于什么动机必须愿意引进技术；第二，必须有能力吸收引进的技术。引进技术的能力依赖于技术接受者基础技术水平的高低，这主要表现在：首先有能力选择适合自己的技术，其次有能力掌握引进的技术。显而易见，进口技术的吸收水平对于技术接受者的技术创新能力的提高至关重要。当技术转移者和技术接受者互相达成意向，针对技术设备和技术专利，准确而高效地转移途径就变得至关重要。

技术转移途径是指外商投资者转移技术所采取的形式。转移途径被很多学者分为内部转移和外部转移两大类，其根本的不同是内部转移对于转移者来说在其国外运营过程中持续直接拥有对技术的所有权，可以控制和应用技术资产，而外部转移却不能。技术转移途径的重要性体现在它会影响到技术流量的大小，且能决定技术转移的机制，因为在外商投资所采取的不同所有制形式中学习方法、机会与结果等都会存在差异。

尽管对技术转移存在强烈的意愿（特别是东道国），但这一过程并不简单，技术往往不能随着投资而顺利地转移，这主要是各种转移壁垒所致。转移壁垒在不同的地区、不同的领域，对不同的参与者以及不同的转移途径各有不同。这些差异主要表现在各种冲突上：第一是价格冲突，转移者通常把技术看做是昂贵且商业周期非常短的商品，所以他希望以高价转移；而技术接受者认为技术是二手商品而在转移过程中尽量压低价格。第二是技术控制的冲突，转移者通常希望利用各种手段限制转移技术的使用范围，而东道国则希望尽量扩大每一次交易与合作的效果。第三是不同文化背景的冲突。技术不仅是指有形的机器设备，不能完全从一个文化背景移植到另一个文化背景中去。当技术被转移后，将从各个方面影响东道国，如社会风俗、价值体系以及科技基础设施等。而且当转移双方在文化和政治背景方面存在较大差异或转移被设置较多限制的情况下，这种影响作用会被放大。

五、案例亮点及效益分析

超高压食品处理装置（见图 1 - 9 - 1）使用的压媒主要是水，容器产生高压的方式分为外部加压式和内部加压式两种：外部加压具有高压容积利用率高，相对造价低的优点，适用于大中型生产装置；内部加压整体性好，可防止介质对食品的污染。以超高压处理淀粉为例，通过高压处理可以使淀粉变性，常温加压到 400MPa 以上时，可以使淀粉溶液变成不透明黏稠的糊状物质，同时还可以提高淀粉中淀粉酶的消化性。

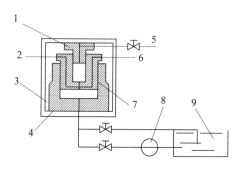

1—活塞顶盖；2—加热剂（制冷剂）入口；3—承压框架；4—外筒（油压缸）；
5—排气阀；6—加热剂（制冷剂）出口；7—高压内筒；8—油压泵；9—油槽

图 1 - 9 - 1　内部加压式双层结构高压装置

食品的超高压处理工艺作为北京食品科学研究院技术转移难点，主要原因是生产工艺和专利技术无法跟进。在北京食品科学研究院的设备拆解再造实验中，关键部位零件受到国内生产环境影响，承受不了过大压强。为了避免压力容器由于设计不当而引起破坏事故，确保超高压设备在使用中安全可靠和食品保鲜效果，最终与 AFBI 开展技术设备全套合作，从而弥补了我国超高压食品加工领域设备资源短缺等问题。

 案例点评

保鲜技术是食品流通中必不可少的技术，与老百姓日常生活息息相关。看似小小的保鲜技术，却并不简单。在该案例中，我国在超高压保鲜技术方面严重落后，2010 年，中国农业大学与北京首都农业集团有限公司计划设立的"十二五"课题研制设备的目标压力为 300～400MPa，经过专利检索分析发现，发达国家早已突破此界限，正在研究 800～1000MPa 的超高压力设备，转而改为技术引进。由此可见，研究课题立项前的专利分析，可以掌握技术发展态势，避免重复投入和侵权风险，节省研发成本和时间，具有重要的价值和意义。

北京食品科学研究院介入之后，做了深入的技术分析，在取得装置出让权后，迅速进行构造分析和仿造试验，虽然可以大体仿照全套设备，但加压装置和冲压件等核心部件远远达不到正常运转水平。核心部件及其基础材料受制于人的局面在我国制造业的众多领域广泛存在。正是因为国内现有材料和工艺无法实现核心部件的生产和相关技术的镶嵌，北京食品科学研究院只能接受英国提供的超高压保鲜加工全套设备和技术转让，且关键部位零件还得进口。虽然，仿造是借鉴吸收国外先进技术的必由之路，但仿造过程的知识产权风险不得不注意。倘若该案例中北京食品科学研究院仅购买了设备，没有获得专利许可，成功仿造了设备，也要进行知识产权预警分析，对比 AFBI 的专利技术与仿造的技术，确保不落入其保护范围，没有侵权之虞。这一点应当引起国内企事业单位重视。

按照后发优势理论，研发成本优势是后发者优势的重要方面。我国作为发展中国家，要充分利用后发优势，积极利用全球创新资源，与此同时，在技术转移活动中，我们应当树立知识产权保护意识，善于利用知识产权规则，用好专利信息，为创新发展提供更好的保障。

大型企业篇

1 苹果公司手机领域专利诉讼案例

2 联想集团专利并购案例

3 中联重科股份有限公司构建超大型塔式起重机专利组合案例

4 中国国际海运集装箱（集团）股份有限公司冷藏箱专利许可后转移转化案例

5 内蒙古第一机械集团有限公司钢包精炼炉专利许可案例

篇　首　语

改革开放以来，随着禁锢生产力水平提高的因素被一一破除，中国依靠外向型经济实现了经济的巨大腾飞，逐步从来料加工、代工出口等劳动密集型、资源密集型产业向装备制造、信息技术、优质轻工产品等高科技、高附加值的产业转变。2014 年，中央政府提出了"新常态"这一概念，国家领导人多次阐述了"新常态"的具体含义——速度："从高速增长转为中高速增长"；结构："经济结构不断优化升级"；动力："从要素驱动、投资驱动转向创新驱动"。大批技术密集型的高新技术企业崛起在中国大地。可以说，国民经济发展领头羊身份的大型企业走在了产业结构转型的前列。

由于国情和发展阶段的限制，我国大多数的大型企业虽然规模较大，但在知识产权储备、知识产权人才储备、知识产权运用经验、知识产权运用策略等方面还有一定的不足，只有少数走在前列的国内大型企业能够接近国际水平。

那么，这些优势企业在知识产权的运用和专利的转移转化上都有哪些可以借鉴的经验呢？为了让读者全面了解，我们从通过专利战维持市场占有率、企业并购伴随的专利并购、核心技术专利组合包产业运用、核心专利维权等方面，选取了国内外几个知名企业案例，分别展示了苹果公司在运用知识产权确保优势地位的实例，联想集团利用专利收购确保业务正常发展的实例，中联重科、中集集团在知识产权方面的成熟做法，以及内蒙古第一机械集团有限公司在知识产权方面的巨大进步。这些实例从不同角度展现了大型企业在知识产权运用上的不同成功经验，希望能带给读者启发和借鉴。

1 苹果公司手机领域专利诉讼案例

一、苹果公司概况

苹果公司（Apple Inc.）是美国的一家高科技公司。由史蒂夫·乔布斯、斯蒂夫·沃兹尼亚克和罗·韦恩 3 人于 1976 年 4 月 1 日创立，并命名为"苹果电脑公司"（Apple Computer Inc.），2007 年 1 月 9 日更名为"苹果公司"，总部位于加利福尼亚州的库比蒂诺。苹果公司 1980 年 12 月 12 日公开招股上市，2012 年创下 6235 亿美元的市值纪录，截至 2014 年 6 月，苹果公司已经连续 3 年成为全球市值最大的公司，在 2014 年世界 500 强排行榜中排第 15 名。❶

苹果公司是个人电脑最早的著名生产商，目前经营方向是计算机硬件、计算机软件、手机、互联网服务和掌上娱乐终端，核心业务是电子科技产品。苹果公司所生产的苹果系列计算机，包括 iMac、Power Mac、ibook 以及 PowerBook 在内的众多硬件产品，一直是个人电脑市场的主流产品，掀起过多次流行潮，风行一时。Mactonish 操作系统是苹果公司出品的个人电脑操作系统，与苹果电脑的配合是图形工作站的最佳选择，在图形图像处理领域一直占有较大的市场份额。苹果公司的 iPod 数码影音播放器是 21 世纪初最流行的影音播放器，曾在全球范围掀起热潮。近年来苹果公司推出的 iPhone 移动电话和 iPad 平板电脑，可以称作是市场标杆性产品，直接定义了智能手机和平板电脑，是近年来最流行的产品。

---

❶　[EB/OL].　[2016 − 05 − 30].　http：//baike. sogou. com/v52010810. htm？ fromTitle = % E8% 8B% B9% E6% 9E% 9C% E5% 85% AC% E5% 8F% B8.

二、苹果公司手机领域专利诉讼案例背景

随着苹果公司的 iPhone 和 iPad 产品在全球热销，苹果公司取得了较高的声誉和巨大的经济利益。与此同时，与两款产品搭载的 iOS 操作系统类似的 Android 操作系统也迅速崛起，并成为市场上最主要的可以与 iOS 操作系统相抗衡的操作系统。Android 操作系统是由谷歌开发的，它向硬件生产者开源。因此，市场上大量的智能手机和平板电脑制造厂商采用并推出搭载了 Android 操作系统的硬件，部分产品与苹果公司的 iPhone、iPad 产品是直接竞争关系。在这种情况下，苹果公司凭借其充足的专利储备，运用诉讼手段，牵制、干扰竞争对手，以确保其绝对优势地位。

三、苹果公司手机领域专利诉讼案例过程

2007 年 1 月 9 日，苹果公司推出 iPhone 1；2008 年 6 月 9 日，苹果公司推出 iPhone 3G；2009 年 6 月 9 日，苹果公司推出 iPhone 3GS；2010 年 6 月 8 日，苹果公司在美国旧金山发布 iPhone 4；2011 年 10 月 4 日，苹果公司在美国加利福尼亚州发布 iPhone 4S。苹果公司的 iPhone 1、iPhone 3G、iPhone 3GS 均为市场热门手机，iPhone 4 和 iPhone 4S 则将苹果公司的产品推向了一个新的高度，可以说是"重新定义了手机"。这两款手机推出后，市场模仿者蜂拥而至，部分搭载了与苹果公司 iOS 类似的 Android 操作系统的手机也在市场上取得了成功。在这种情况下，苹果公司为了维持自己的市场优势地位，利用专利优势，持续对直接竞争对手展开专利诉讼。❶

（一）苹果公司对摩托罗拉公司展开密集专利诉讼

摩托罗拉公司（Motorola）创立于 1928 年，是全球芯片制造、电子通信的领导者，世界财富百强企业之一。1928 年，约瑟夫·加尔文（Joseph Galvin）和保罗·加尔文（Paul Galvin）在美国成立了加尔文制造公司。1941 年，由丹尼尔·诺布尔领导并正式成立了负责销售的摩托罗拉通信和电子公司，并于 1946 年 1 月首次实现车载通话。1956 年，摩托罗拉推出

---

❶ 苹果公司战略管理分析：以产品 iphone 为例 [EB/OL]. [2016 - 05 - 30]. http://www. doc88. com/p - 3075348585029. html.

首款传呼机，称之为"个人通信领域里的新标准"。2003 年，摩托罗拉开始进军智能手机市场。

2009 ~ 2012 年，摩托罗拉公司开始使用 Android 操作系统，并推出了数款智能手机，成为 Android 平台最畅销的产品。其中 Droid、Droid X、Droid Razr Maxx 以及 Droid 4 一度市场占有率极高。在这种情况下，为了消除对苹果公司系列产品尤其是 iPhone 4 和 iPhone 4S 的市场优势地位的威胁，苹果公司展开了对摩托罗拉公司的一系列专利诉讼。

2010 年 10 月 29 日，苹果公司在威斯康星州西区地区法院起诉摩托罗拉公司专利侵权，所涉专利为：US5359317、US5379430、US5636223、US6246697、US6246862、US6272333、US7663607、US7751826、US7812828；以及 US5089813、US5189700、US5239294、US5311516、US5319712、US5455599、US5481721、US5490230、US5519867、US5566337、US5572193、US5838315、US5915131、US5929852、US5946647、US5969705、US6175559、US6275983、US6343263、US6359898、US6424354、US6493002、US7479949。

2011 年 11 月 30 日，苹果公司在美国国际贸易委员会（ITC）起诉摩托罗拉公司专利涉嫌侵权，所涉专利为：US7812828、US7663607、US5379430。

2011 年 12 月 1 日，苹果公司在伊利诺伊州北区地区法院起诉摩托罗拉公司涉嫌专利侵权，所涉专利为：US5089813、US5189700、US5239294、US5311516、US5319712、US5455599、US5481721、US5490230、US5519867、US5566337、US5572193、US5838315、US5915131、US5929852、US5946647、US5969705、US6175559、US6275983、US6343263、US6359898、US6424354、US6493002、US7479949。

2012 年 2 月 10 日，苹果公司在加利福尼亚州南区地区法院起诉摩托罗拉公司涉嫌专利侵权，所涉专利为 US6359898。

由于摩托罗拉公司长期致力于移动通信领域的技术开发研究，同样拥有大量优质专利。面对苹果公司的咄咄逼人，摩托罗拉公司自然会奋起反击。但是互相同时进行的专利诉讼，并未影响苹果公司的业绩，反而动摇了摩托罗拉公司在 Android 阵营内的领先地位，导致后来 HTC 公司取代了摩托罗拉公司在 Android 操作系统阵营的地位。2011 年 8 月 15 日，谷歌以 125 亿美元的价格收购了摩托罗拉移动公司。谷歌声称这是为了进行防御，以防范对 Android 操作系统愈演愈烈的诉讼潮。2014 年 1 月 30 日，联想集团宣布以 29 亿美元收购摩托罗拉智能手机业务，并将全面接管摩托罗拉的移动产品规划。

虽然摩托罗拉公司的败落并不完全因为苹果公司的诉讼，但苹果公司发起的专利诉讼客观上动摇了摩托罗拉公司在 Android 操作系统阵营内的地位，导致摩托罗拉公司的败落。

（二）苹果公司对 HTC 公司展开密集专利诉讼

HTC 公司全称为"宏达国际电子股份有限公司"（英文旧全名为 High Technology Computer Corporation），简称 HTC 公司或宏达电子，是一家位于台湾地区桃园县的高科技企业。HTC 公司成立之初主要是作为 PDA 产品的代工厂，并没有很成功的产品，知名度也不高。

2002 年，微软公司发布了 Pocket PC Phone Edition 操作系统，HTC 公司随即研发出全球第一款搭载该系统的 PDA Phone，在欧洲推出后亦取得不错的销量，逐步提高了 HTC 公司的业界知名度。在谷歌宣布将推出自己的 Android 操作系统后，HTC 公司抓住机会和谷歌合作，推出了一系列 Android 手机，一度成为智能手机市场的耀眼明星。

2010 年 1 月，HTC 公司为谷歌代工推出了 Google Nexus One。由此 HTC 公司不仅成为第一款 Android 设备制造商，而且还帮助谷歌推出了旗下第一款自主品牌手机。可以说，谷歌选择了当时最有实力的手机制造商 HTC 公司来为自己打造第一款自主品牌手机。这款手机当时的配置堪称顶级，1Ghz 高通 QSD8250 处理器，512MB RAM，还有分辨率高达 480 像素×800 像素的 3.7 英寸屏幕；而同期的 iPhone 3GS 的屏幕分辨率也仅为 320 像素 ×480 像素。随后，HTC 公司于 2010 年 4 月推出了 HTC G7 Desire，这款 HTC 公司历史上的顶级手机同样拥有不俗的表现。

在这样的背景下，苹果公司展开了对 HTC 公司的一系列专利诉讼：

2010 年 3 月 2 日，苹果公司在特拉华州地区法院起诉 HTC 公司产品专利侵权，涉及 23 件专利：USRE39486、US5481721、US5519867、US5566337、US5915131、US5929852、US5946647、US5969705、US6275983、US6343263、US5455599、US5848105、US5920726、US6424354、US7362331、US7383453、US7469381、US7479949、US7633076、US7657849、US5377354、US6188578、US7278032。

2010 年 3 月 2 日，苹果公司在 ITC 起诉 HTC 公司产品专利侵权，涉及 10 件专利：USRE39486、US5481721、US5519867、US5566337、US5915131、US5929852、US5946647、US5969705、US6275983、US6343263。

2010 年 6 月 21 日，苹果公司在特拉华州地区法院起诉 HTC 公司产品专利侵权，涉及 4 件专利：US6282646、US7383453、US7380116、US7657849。

2011 年 7 月 8 日，苹果公司在 ITC 起诉 HTC 公司产品专利侵权，涉及 5 件专利：US7844915、US7469381、US7084859、US7920129、US6956564。

2011 年 7 月 11 日，苹果公司在特拉华州地区法院起诉 HTC 公司产品专利侵权，涉及 4 件专利：US7844915、US7084859、US7920129、US6956564。

2012 年 6 月 21 日，苹果公司在弗吉尼亚州东区地区法院起诉 HTC 公司产品专利侵权，涉及 2 件专利：US7672219、US7417944。

当然，HTC 公司也适时进行了反击，但是苹果公司的诉讼占据了明显的优势。2012 年 12 月 5 日，苹果公司和 HTC 公司专利交叉授权协议书公开，主要内容为：和解对象包括 HTC 子公司 S3 Graphics。苹果公司同意撤销对 HTC 公司某些特定产品的诉讼，但是一次性和解金及单只手机专利权利金都未揭露。未来，HTC 公司将依出货量计算、按季支付权利金给苹果公司。苹果公司要求 HTC 公司不得抄袭苹果公司的产品或功能；若发生抄袭，双方同意通过仲裁方式来解决，HTC 公司必须在 90 天之内解决这个问题，否则苹果公司可在任何法院对 HTC 公司产品申请销售禁止令。

苹果公司在对 HTC 公司的专利诉讼中大获全胜，迫使 HTC 公司不得不签订对苹果公司有利的和解协议。HTC 公司推出新品的节奏被苹果公司的专利诉讼扰乱，严重影响了 HTC 公司的发展。

（三）苹果公司对三星电子展开密集专利诉讼

三星集团是韩国最大的企业集团，包括 26 个下属公司及若干其他法人机构，在近 70 个国家和地区建立了近 300 个法人及办事处，员工总数 19.6 万人，业务涉及电子、金融、机械、化学、重工业、贸易等众多领域。

三星电子成立于 1969 年，是三星集团旗下最大的子公司，旗下主要业务之一为智能手机。自三星电子 1996 年与美国 Sprint 公司合作在美国推出第一款三星手机以来，已经推出了一系列颇受欢迎的高端机型，其 2001 年推出世界上第一台可以播放 MP3 的 Uproar 手机；2003 年推出屏幕可以作为化妆镜的 T500 手机；2006 年推出市场上最薄的 QWERTY 键盘 Black Jack 手机；2007 年推出全触控 Armani Phone 手机；2009 年推出具有触摸屏和可拉出 QWERTY 键盘的 Impression 手机。2011 年，三星电子推出搭载了 Android 操作系统的 Galaxy S II 手机，超薄的设计和精良的制作使其一问世即成为堪与 iPhone 比肩的时尚智能手机。随后，三星电子又推出了 Galaxy Note 手机，同样广受好评，零售价格和市场占有率双高。凭借着 Galaxy 系列，三星手机在全球树立了高端形象，成为 Android 操作系统阵营中唯一可以与苹果相提并论的手机品牌。在这样的背景下，苹果公司展开了对三星电子的一系列专利诉讼。

1. 在美国对三星电子展开诉讼

2011 年 4 月 15 日，苹果公司向美国加利福尼亚州地区法院起诉三星电子侵犯其已应用于 iPhone 及 iPad 的十多件专利，包括：US7844915、US7853891、US7863533、USD602016、USD618677、USD627790、US6493002、US7469381、US7669134、US7812828。

2012 年 2 月 8 日，苹果公司再次向加利福尼亚州地区法院控告三星电子侵犯其 8 件专利，并请求法院对侵权产品 Galaxy Nexus 下达初步禁售令，涉及的 8 件专利为：US5946647、US6847959、US8046721、US8074172、US8014760、US5666502、US7761414、US8086604。

2011 年 7 月 5 日，苹果公司在 ITC 指控三星电子的 Galaxy 系列手机及平板电脑侵犯其 7 件核心专利，请求 ITC 下令禁止 Galaxy 系列手机及平板电脑进口美国，涉及的专利为：US7479949、USRE41922、US7863533、US7789697、US7912501、USD558757、USD618678。

2. 在其他国家对三星电子展开诉讼

2011 年 6 月 22 日，苹果公司在韩国首尔中央地区法院对三星电子提起侵权控诉；2011 年 8 月 4 日，苹果公司向德国杜塞尔多夫地区法院申请初步禁令；2011 年 8 月 24 日，荷兰海牙地方法院应苹果公司请求发出禁售令，禁止三星电子的 Galaxy S、Galaxy S Ⅱ、Galaxy Ace 在荷兰境内进行销售；2011 年 10 月 13 日，澳大利亚法院应苹果公司要求发出暂停三星 Galaxy Tab 10.1 在澳大利亚销售的禁令；2012 年 1 月 17 日，苹果公司在德国杜塞尔多夫地区法院再次控告三星电子的智能手机和平板电脑侵犯了其设计专利，要求申请临时禁售令；2012 年 1 月 31 日，德国杜塞尔多夫地区法院对三星电子 Galaxy Tab 10.1 及 Galaxy 8.9 发布禁售令。

在苹果公司进行上述诉讼的同时，三星电子也有针对性地对苹果公司展开了反击，双方各有胜负，苹果公司占据上风。

2014 年 8 月 6 日，双方发表联合声明，同意撤销在美国以外所发起的专利诉讼。

四、苹果公司以专利诉讼为主的专利转移转化模式

苹果公司以专利诉讼为主的专利转移转化模式可以总结为：手握核心

专利按兵不动，一旦发现市场上出现威胁其市场地位的产品，立即毫不犹豫进行专利诉讼，围剿竞争对手（见图2-1-1）。

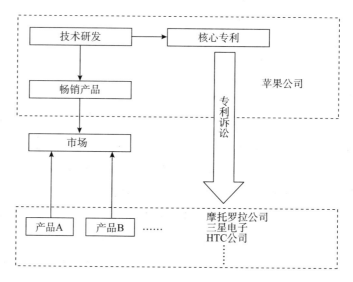

图2-1-1　苹果公司专利诉讼模式

 **案例点评**

从上面苹果公司对摩托罗拉公司、HTC公司和三星电子发起的诉讼情况可以看出，苹果公司将专利和产业发展紧密结合在了一起。对于进行实际生产销售的企业来说，利用专利制度，将研发成果转变为专利，确保企业生产销售的自由，并能在必要时对威胁自身优势地位的其他企业展开攻击，从而牵制对方的发展，是专利运营的主要手段和目的。

在上述诉讼中，摩托罗拉公司拥有大量通信基础专利，HTC公司和三星电子则在专利储备上相对较弱；而苹果公司在长期发展过程中，积累了大量图形界面、软件方法、外观设计等专利，这些专利对竞争对手具有强大的杀伤力。公众的聚焦点往往是动辄上亿美元的赔偿，但是实际上，禁售和负面宣传才是对生产企业的致命打击。

苹果公司的成功经验有两点值得我们学习：

第一，非常重视提升用户体验的技术创新。例如以滑动解锁为代表的新型人机交互方式，一方面让用户能够感知到；另一方面则能够以小博大，对抗以IBM为代表的技术实力派。

　　第二，对不同竞争对手采取不同的专利策略。对待三星电子这样的强劲对手采用穷追猛打的策略，恨不得除之而后快；而对待 HTC 公司这样的弱对手则见好就收，在达到压制目的之后有意识地保留其实力，用以牵制三星电子等对手。

　　我国改革开放后进入了快速发展阶段，大量国外新技术涌入国内，国内企业走出了一条引进消化再创新的路子。随着国内外差距的缩小，同时我国发展到了一个劳动密集型经济无法持续的阶段，企业迫切需要进行产业升级，进入技术含量高、产品附加值高的产出形态。这种情况下，以前对外国企业不构成竞争的我国企业逐渐威胁到其市场份额。因此，我国企业需要逐步建立起自己的知识产权储备，以便应对未来可能出现的专利纠纷。

2 联想集团专利并购案例

一、联想集团概况

1984 年，中国科学院计算所投资 20 万元人民币，由 11 名科技人员创办"中国科学院计算所新技术发展公司"。1989 年，北京联想计算机集团公司（以下简称"联想集团"）成立。联想集团主要生产台式电脑、服务器、笔记本电脑、打印机、掌上电脑、主机板、手机等商品。1996 年，联想集团电脑销量首次位居中国国内市场首位。2004 年 4 月 1 日，联想集团的英文名称由"Legend"改为现在的"Lenovo"。同年，联想以 17.5 亿美元（支付 12.5 亿美元对价以及承担 IBM 的 5 亿美元欠债）的价格收购 IBM 个人计算机事业部，并获准在 5 年内使用 IBM 的品牌，成为全球第三大个人计算机厂商。

目前，联想集团是一家营业额 390 亿美元（截至 2014 年）、客户遍布全球 160 多个国家的全球最大个人电脑厂商。凭借创新的产品、高效的供应链和强大的战略执行力，联想集团为全球用户提供卓越的个人电脑和移动互联网产品。联想集团在全球开发、制造和销售可靠、优质、安全易用的科技产品及优质专业的服务，产品线包含 Think 品牌商用个人电脑、Idea 品牌的消费个人电脑、服务器、工作站以及包括平板电脑和智能手机在内的一系列移动互联网终端。联想集团是《财富》世界 500 强之一，在北京、上海、深圳、日本大和、巴西圣保罗及美国北卡罗来纳州罗利均设有重点研发中心。

二、联想集团专利并购案例背景

在联想集团发展过程中，小型服务器和工作站的业务逐渐取得市场优势地位，而 IBM 随着业务的转型，逐步放弃这两项业务。双方曾于 2004 年实现了个人电脑业务上的合作，为业务收购打下了基础。

联想集团在发展中习惯采用并购方式进行企业跨越式成长。2004 年 12 月，联想集团成功并购 IBM 全球个人计算机业务。在此之前，联想集团全球个人计算机业务全球排名第九名，占全球市场份额 2.3%，年收入仅 30 亿美元。2015 年，联想集团已经稳居全球个人计算机市场销售冠军，市场份额 20%，年收入达 390 亿美元，十年间增长约 13 倍。

2014 年 9 月，联想集团与 IBM 正式宣布完成收购 IBM x86 服务器业务的所有相关监管规定。联想集团（市场份额 11%）成为仅次于惠普（29.6%）及戴尔（22%）的全球 x86 服务器第三大厂商。

联想集团已经在国内 x86 服务器市场上占据绝对优势。自 2013 年第一季度起，联想集团服务器以 12.3% 的市场份额连续 9 个季度领跑国内 x86 服务器市场。联想集团中国高级管理人员则表示要把服务器项目做进全球前三名。并购成熟的业务模块，无疑是联想集团做大服务器业务的首选。

在目前的中国 x86 服务器市场上，联想集团凭借庞大的渠道覆盖实现了市场占有率第一。但在美国、欧洲等知识产权保护工作非常成熟的市场，联想集团目前的专利储备完全不足以支撑其相应的市场份额。因此，并购 IBM 的 x86 服务器业务，不仅要依赖 IBM 的品牌、专利，还需要联想集团自身进行专利的储备。

三、联想集团专利并购案例过程

（一）个人电脑业务并购

2004 年 12 月 8 日，联想集团以 17.5 亿美元的价格收购 IBM 全球个人电脑业务，包括 6.5 亿美元现金、6 亿美元新联想集团的股票以及承担 IBM 在个人电脑业务上的 5 亿美元债务。

联想集团从这次并购中获得了下列资源：涉及全球 160 个国家 10000 名员工的 IBM 笔记本、台式电脑业务及相关业务；客户/分销渠道，包括直销客户和大企业客户，分销和经销渠道、互联网和直销渠道，涉及遍布全球 160 个国家的 2600 名员工；IBM Think 品牌五年使用权及相关专利；

IBM 在深圳的合资公司（不含 X 系列生产线）。

（二）x86 服务器业务并购

并购总金额约 21 亿美元，其中约 18 亿美元将在交易完成当日以现金支付，余下约 2.8 亿美元则以联想集团股票支付。联想集团将取得下列资源：Blade Center、Cluster、IBM Flex System、System z、IBM Pure Flex 以及 System x 等 x86 架构系统网络产品，Flex System blade 服务器和转换器，以 x86 为基础的 Flex 整合系统，NeXt Scale 和 iData Plex 服务器以及相关软件，blade networking 与维护运营等项目；IBM 无形资产包括 x86 服务器相关的专利权、相关雇用业务员工。

完成上述交易后，IBM 仍保留了高端服务器业务：System z 大型主机、Power Systems、Storage Systems、Power - based Flex 服务器以及 Pure Application/Pure Data appliances 等业务内容。

（三）IBM 业务并购背后的专利因素

联想集团在两次并购中，共获得了 IBM 转让的包括中国和美国在内的 2250 余件专利，其中主要为美国专利，共 2000 余件，中国专利仅百余件。联想集团并购获得的美国专利分类和中国专利分类分布情况如图 2 - 2 - 1 和图 2 - 2 - 2 所示。

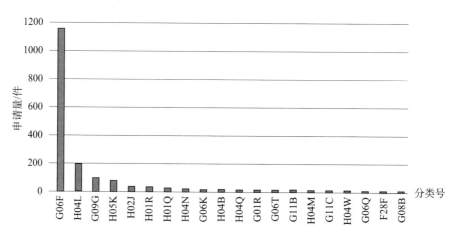

图 2 - 2 - 1　联想集团凭借收购 IBM 个人电脑和 x86 服务器所获得的美国专利情况

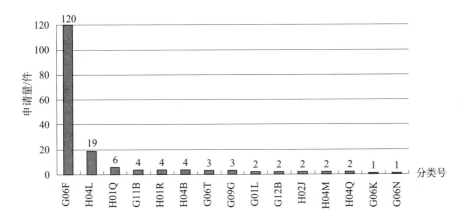

图 2 - 2 - 2　联想集团凭借收购 IBM 个人电脑和 x86 服务器所获得的中国专利情况

IBM 连续多年专利申请量全球第一，在电子计算机领域申请了大量专利。目前在美国维持有效的专利近 60000 件（截至 2015 年 11 月统计），具体情况如图 2 - 2 - 3 所示。

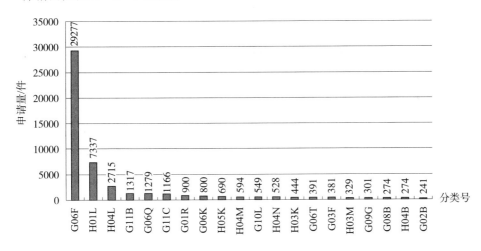

图 2 - 2 - 3　IBM 美国专利情况（授权量前 20 位的技术领域）

如图 2 - 2 - 3 显示，IBM 目前持有 G06F 分类号下美国专利近 30000 件，通过两次并购，联想集团从 IBM 获得了 G06F 分类号下的 1000 余件专利。从并购个人计算机业务后十年的发展情况来看，这 1000 余件 IBM 的专利保障了联想集团在美国和欧洲市场的正常运营。在联想集团十年营业额收入增长约 13 倍、成为 PC（个人电脑）全球第一的过程中，并没有遭遇拥有强大专利储备的竞争对手惠普、戴尔的专利诉讼。

（四）其他并购

2012 年开始，联想集团先后收购日本 NEC、德国 Medion，与美国 EMC 建立全球战略合作伙伴关系，收购巴西 CCE 和美国 stoneware。2014 年初，联想集团收购了谷歌公司转卖的摩托罗拉公司，还从 Unwired Planet 以 1 亿美元购得 21 项专利，并获得 Unwired Planet 全部知识产权组合的授权，涉及移动通信标准必要专利、应用技术等多个领域。

联想集团在 2014 年初将公司业务分为四大板块，分别为个人计算机业务集团（包括 Lenovo 品牌和 Think 品牌）、移动业务集团（智能手机、平板电脑、智能电视）、企业级业务集团（包括服务器和存储器）、云服务业务集团（包括安卓和 Windows 软件）。

从 2014 年初联想集团的业务版块拆分回头审视联想集团的专利收购，可以明显看出，联想集团决定在某个领域进行业务开展前，首先会通过收购累积大量高质量专利，以确保业务顺利开展不受干扰。

四、联想集团专利运营模式

联想集团专利运营模式可以总结为：市场份额主导，采用并购其他大型企业或者业务板块的方式，迅速提高市场份额；同时利用规模优势，降低成本，提高利润；并购其他企业或者业务板块时，完全掌控相应的核心专利，从而为市场份额提供切实的专利保护（见图 2 - 2 - 4）。

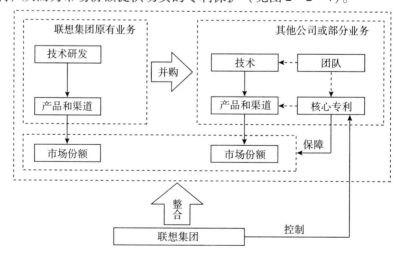

图 2 - 2 - 4 联想集团专利转移转化模式

 **案例点评**

联想集团的并购主要属于横向并购，可以扩大同类产品的生产规模，降低生产成本，消除竞争，提高市场占有率。通过并购可以有效获取目标公司的人员、技术、设备、管理经验、销售渠道等，从而实现快速扩张的目的。现代并购，获取对方的知识产权已经成为越来越多并购的目的，这是因为企业知识产权体系的形成需要长时间的积淀，单纯依靠自我创造产生知识产权的模式已不足以适应企业迅速发展的需要。

在该案例中，联想集团通过并购 IBM 的个人电脑和 x86 服务器业务，获取了对方相关业务、生产能力、客户/分销渠道和全球 160 个国家的 2600 名员工、商标及相关专利。其中专利的获得，使联想集团快速拥有了一批海外专利布局，从而确保了其在美国和欧洲市场的正常运营，不受拥有强大专利储备的竞争对手惠普、戴尔等的专利诉讼干扰，扫清了进军海外市场的专利障碍。当前，诸多中国企业开始谋求开拓国外市场，借鉴联想集团的做法不失为一条快速、高效且稳妥的道路。抓住某些知名企业产品升级转型或经营困难等时机，借助并购，充实自身的专利组合储备，以实现平稳快速的扩张。

当然，通过并购获取知识产权并非一手交钱一手交货这么简单，事先需要做好充分的尽职调查。尽职调查主要确定知识产权资产是否存在、所有权属于谁、拥有人的控制权有多大、知识产权的经济价值和战略价值、侵犯他人知识产权的潜在风险等。知识产权的经济价值通常取决于知识产权的类型及其范围，包括知识产权有效期的长短、受保护地域的范围以及是否受到其他协议的限制等。知识产权的战略价值取决于其是否能很好地适合业务目标和是否能够有效地实施。知识产权尽职调查的结果将会直接影响交易的价格，有时可能会导致交易结构的重新评估或改变，有时甚至决定并购的成败。

并购活动中面临的知识产权风险主要有三个方面：第一是知识产权权属风险，例如专利续超期、未续年费终止、商标权到期未续展、权利归属于被收购方关联公司等第三方、知识产权属于共有或许可限制，导致对方并不真正完全控制其知识产权，造成权属风险；第二是知识产权侵权风险，例如一项技术是否属于从属专利、一个软件作品中是否存在复制他人软件源代码的情形等情况，这些均难以通过常规核查察觉，一旦存在侵权，则并购方非但难以达到预期商业目标，而且可能因此陷入诉讼旋涡而遭受损失；第三是知识产权价值风险，知识产权的价值评估是一个极度复杂的工作，例如权利的稳定性、产品更新换代的速度、是否存在替代技术、专利是否存在质押等，都会影响其价值。这些风险如果不能在并购之前得到辨析，则会埋下巨大的隐患，不仅不能实现并购的目的，还会陷入各种纠纷之中。

一般来讲，企业可以通过聘用有经验的律师来进行并购前的知识产权尽职调查以尽量降低风险。尽职调查主要有七个方面的内容：掌握并购目的、确认并购的交易结构、审查知识产权的有效性、分析知识产权的真正权利人、审查知识产权的范围、考察目标公司是否存在侵害他人知识产权的情形、起草尽职调查报告。当然，根据并购的目的、金额、时间要求等不同，调查的内容不尽相同，但主要目的还是客观准确地呈现并购对象的知识产权相关情况，以降低交易风险、实现并购目的。

3 中联重科股份有限公司构建超大型塔式起重机专利组合案例

一、中联重科股份有限公司概况

中联重科股份有限公司（以下简称"中联重科"）是中国工程机械行业科技型企业的代表，前身为1992年9月28日成立的长沙高新技术开发区中联建设机械产业公司，主要从事建筑工程、能源工程等基础设施建设所需重大高新技术装备的研发制造，在多个技术领域已达世界领先水平，多类产品市场销售位居全球第一。在当今全球塔式起重机市场，中联重科年度产品销售始终保持领先地位；而D5200-240型号塔式起重机成功立塔马鞍山长江大桥，标志着中联重科登上了全球最大塔式起重机制造之巅。❶

中联重科在发展过程中极为重视知识产权。企业一向秉承"科技产业化、产业科技化、企业国际化"的理念，以全球化的视野推动着自主创新，从而跻身全球工程机械企业前八强。"企业的全球化，首先是知识产权布局的全球化"，早在2008年，中联重科就把知识产权战略作为企业最重要的发展战略之一，将知识产权领域作为其全球竞争的新战场，形成了"并购＋研发"的知识产权策略。

中联重科目前已累计申请5000余件专利、储备了100多件非专利核心技术秘密，在全球有市场价值的国家和地区已经基本完成知识产权布局，在产品销售地均已申请了相应的专利技术保护。

在知识产权成果方面，中联重科近两年专利申请量增长迅猛，塔机专

---

❶ 彭白水．中联塔机凭什么？［J］．建设机械技术与管理，2011（8）.

利授权量 220 件，总申请量达 517 件。

在多重知识产权保护机制方面，中联重科根据公司战略、技术关键度的不同，分别采取发明、实用新型、外观设计、PCT 专利申请、技术秘密等多重保护形式，有效保护了原创技术。

在全球专利布局方面，专利申请遍及英国、比利时、俄罗斯、巴西、印度、澳大利亚、埃及、南非等国家。

在关键核心技术重点布局方面，中联重科尤其关注安全技术，如顶升安全、吊装安全等，在塔机安全技术布局专利 33 件，其中发明 15 件，并同时在国外进行了布局。

在核心的塔机产品专利布局方面，分布特别密集，譬如 D5200 – 240 型号全球最大上回转塔机申请专利 30 件；D1250 – 80 型号的全球最长臂塔机（110m）的专利申请 31 件，其中发明专利申请 15 件；与德国 JOST 合作研发的 T320 – 16 型号塔式起重机申请专利 25 件，其中发明专利申请 5 件；LH800 – 63 型号超大型液压动臂塔机申请专利 26 件，其中发明专利申请 7 件；施工升降机申请专利 32 件，其中发明专利申请 7 件，特别是独创技术"吊笼防冲顶机构"获发明专利授权。

二、中联重科构建超大型塔式起重机专利组合案例过程

"超大型塔式起重机关键技术及应用"专利是中联重科借助科技创新，实现产业升级的典型代表。随着我国建筑施工技术的进步和工程朝大型化方向的发展，近年来，我国大型电厂、大型桥梁、超高层建筑、造船、核电站等重点工程的建设越来越多，起重力矩在 4000kN·m 以上的大型、超大型塔机应用越来越广泛，需求量超过 1000 台。但是在超大型塔机起重领域，过去长期由国外品牌 Potain、Favco 等垄断，既影响我国起重领域技术的发展，也给建设企业带来了沉重的成本负担。

中联重科的技术开发和转化以市场需求为导向。由于大型设备研发和制造费用高，没有需求支持，企业一般不会贸然投入生产。而中联重科在中铁大桥局马鞍山大桥中塔项目上夺标成功成为项目研发的直接动力。为了满足施工需求，提升企业的竞争力，中联重科在 2004 年成立了"超大型塔式起重机关键技术及应用"项目组，在近 10 年的研究中，项目组先后针对超长重载臂架设计及控制技术、重载超大容绳量卷扬系统设计及控制技术、超大型塔机安全作业技术三大难点组建专门技术团队进行研发，

并对研发团队给予了人力、物力支持和相应的奖励，最终研发成功超大塔机成套技术，完成了起重力矩 4000 ~ 52000kN·m、最大工作幅度在 60 ~ 110m 的超大型塔机系列产品，并实现了批量生产与销售，围绕上述核心技术开发出 13 款产品。在自主研发的同时，中联重科也斥巨资对国外技术进行并购。并购德国 JOST 全套平头塔机技术的知识产权后，中联重科与其合作形成四大系列 10 个新型号产品，并且对进一步的研发成果进行布局产生了 41 件专利。JOST 系列专利产品参展了德国宝马展和法国 INTERMAT 等多个展会，受到了欧洲等高端市场认可，改变了"中国制造"的国际形象。

在技术上突破并获得知识产权保护之后，中联重科在超大型塔式起重机产品方面连续推出多款国内领先产品。2008 年，中联重科成功开发出当时国内最大吨位的动臂塔机 TCR6055，并推出 D1100 超大型塔式起重机；2010 年，中联重科自主研发出全球最大吨位的水平臂上回转自升式塔式起重机 D5200 - 240，形成了 800 ~ 5200 吨的超大型塔机系列，彻底改写了我国工程用超大吨位塔机长期依赖进口的局面；同年，将产品链延伸至施工升降机领域，推出 4 款自主创新机型，打造成套设备；2011 年，中联重科收购了代表国际先进水平的德国 JOST 全套平头塔机技术，获得了进入欧美等高端国际市场的准入证。2012 年，中联重科成功研发出全球最长臂架塔机，塔机技术实现了从中国领先向国际领先的跨越。

在形成了具有自主知识产权的成套技术和系列产品线之后，中联重科建成了国内规模最大、年产能达 300 台的超大型塔机生产线，实现了超大型塔机的规模化生产，为高层建筑施工技术提供了关键装备，有效地促进了桥梁大型模块化施工技术的变革，打破了国外品牌在大型塔机市场的垄断局面，填补了国家的产业空白。

三、中联重科构建超大型塔式起重机专利组合的专利转移转化模式

专利技术转移转化是将技术从创造者转移到使用者，是技术研发和技术应用之间的桥梁。中联重科在塔机技术方面的技术转移，主要由两方面构成：一方面是通过收购或买断的方式获取其他企业的技术，例如收购意大利 CIFA 公司以及买断德国 JOST 全套平头塔机技术；另一方面是通过自己的中联建起（中联重科建筑起重机械公司）事业部进行自主研发（见图 2 - 3 - 1）。

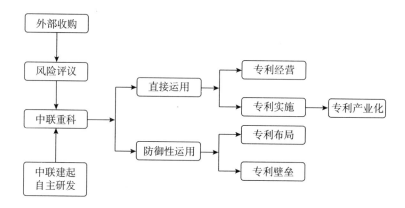

图 2 - 3 - 1 中联重科专利运营模式

中联重科在并购过程中主要是完成内部的知识产权分析评议工作。并购开始前，从知识产权与自身技术之间互补和匹配的角度确定并购战略、筛选并购对象。并购完成后，要在文化、理念融合的同时，将并购所获得的各类资源整合、管理和运用好，并产生新的知识产权优势。具体来说，主要进行了下列工作：

（1）在并购开始前，中联重科对产业的知识产权风险、专利技术布局与技术演进、重要专利组合及其价值等进行了分析，并将并购对象 CIFA 公司的专利技术布局、区域布局等情况与自身进行了横向对比。通过这些工作，中联重科充分掌握了技术的发展阶段和重要程度，摸清了 CIFA 公司与自身发展的融合度和匹配度，借此初步预估了并购后的技术走向和发展前景。

CIFA 公司共有近 200 件发明专利和 100 多项专有技术，在臂架和电气控制等领域布局了大量专利。通过尽职调查分析发现，这些发明专利和专有技术很多恰恰是中联重科所需要的，进一步增强了中联重科并购 CIFA 公司的决心。

（2）在并购谈判和交接工作中，中联重科通过知识产权分析评议对 CIFA 公司的所有知识产权、合同规范、研发记录等进行了全面分析，重点关注所有知识产权的来龙去脉以及现有状态、所有业务中有关知识产权的约定是否规范、研发记录是否完整以及专有技术的体现形式等内容，避免无形资产流失和日后出现知识产权纠纷。例如，中联重科对 CIFA 公司对外许可专利和获得专利许可的情况进行了全面梳理，确认了许可年限、范围、适用对象等，确保并购后能够拥有或使用这些知识产权。

（3）专利技术转移到中联重科以后，企业开始运用专利。专利的运用是实现受保护的技术向现实生产力的转变，谋求获取最佳经济效益的过程。根据为自己直接谋取利益还是间接防御竞争对手的不同目的，将专利运用分为"直接运用"和"防御性运用"两种形式。"直接运用"又分为专利资产经营和专利技术实施两种形式。

专利资产经营是一种对专利资产产业化的活动，是将专利作为一种资产所进行的商业化应用，包括专利交易、专利交叉许可、专利联盟、专利信贷等，主要是对专利权利的利用。专利实施是对专利技术实施的活动，是以专利技术进行产品化、商品化的应用形式，其更多地涉及专利所保护的技术的应用。

四、案例亮点及效益分析

中联重科通过面向市场需求，进行知识产权的开发和并购，在掌握核心专利的基础上，推出能直接满足市场需求的系列产品，从而获得了较高的经济利益和较好的社会评价。

"超大型塔式起重机关键技术及应用"项目于2014年1月10日获得国家科技进步二等奖，这是塔机企业首次获得国家科技进步奖。该项目近3年创造直接经济效益10.23亿元，获发明专利授权16件、实用新型专利授权37件，直接影响修订国家标准4项。

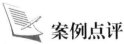 **案例点评**

中联重科在专利的获取和运营方面成功地配合了企业的发展战略，起到了保驾护航的作用，既实现了扩大市场、稳定发展的目的，也起到了提升企业形象和增加声誉的作用，有较强的借鉴意义。

首先，在获取专利方面，中联重科一方面通过构建良好的学术氛围与研究环境以及卓有成效的创新激励机制，依赖自身研发实力积累专利，另一方面充分做好专利分析评议工作，适时通过技术合作购入国外专利，并在其基础上进一步创新，扩大专利布局数量，为产品打入欧洲市场铺平道路，并且塑造了创新型企业的良好形象。

其次，在并购国内外企业时，始终坚持知识产权分析评议工作的支撑，从知识产权与自身技术间的互补和匹配的角度确定并购战略、筛选并购对象，并在并购完成后，在文化、理念融合的同时，将并购所获得的各类资源整合管理和运用好，从而产生新的知识产权优势。极大保障了并购商业目的的实现，并且能够通过并购获得真正能为企业所用的技术，排除了并购中知识产权在权属、侵权、价值等方面的风险。

当然，中联重科的知识产权管理还有进一步提升的空间，例如可以进一步贯彻"数量布局、质量取胜"的策略，就自身研发以及并购获得的技术，进行全面的专利布局，围绕重点产品需要构筑足够数量的专利权，并且在目标国提前申请或获得足够的专利。另外，专利的实施不应当仅限于本企业自身的实施，还应当充分利用手中的专利打击竞争对手、收取专利许可费，采取多种形式经营这些宝贵的无形资产。积极将专利纳入所在行业的强制性或推荐性标准中，实现技术专利化、专利标准化，通过专利进一步巩固企业在行业中的领导地位，并适时出击，在海外市场获得应有的市场地位。

4 中国国际海运集装箱（集团）股份有限公司冷藏箱专利许可后转移转化案例

一、中国国际海运集装箱（集团）股份有限公司概况

中国国际海运集装箱（集团）股份有限公司（以下简称"中集集团"），是世界领先的物流装备和能源装备供应商，总部位于中国深圳。中集集团于 1980 年 1 月创立于深圳，1994 年在深圳证券交易所上市，2012 年 12 月在香港联合交易所上市，主要业务领域包括集装箱、道路运输车辆、能源化工及食品装备、海洋工程、物流服务、空港设备等装备和服务领域。中集集团在亚洲、北美洲、欧洲、澳洲等地区拥有 300 余家成员企业及 3 家上市公司，客户和销售网络分布在全球 100 多个国家和地区。2014 年，中集集团销售额达 700.71 亿元。❶

二、中集集团冷藏箱专利许可后转移转化案例背景

1995 年 3 月，中集集团进军冷藏集装箱制造领域，并开始在上海筹建第一家专门生产冷藏集装箱的公司（以下简称"C 公司"）。与此同时，经过多次的技术考察和比对，中集集团与德国格拉芙公司（以下简称"格拉芙"）签订了专利许可及合作合同，合同约定中集集团独占实施格拉芙拥有的 70 多项冷藏箱专利，后 C 公司接替中集集团成为合同的被许可方。这些专利技术的实施，为中集集团冷藏集装箱的发展提供了可靠的技术保证，大大缩短了 C 公司批量制造冷藏集装箱

---

❶ 中国国际海运集装箱（集团）股份有限公司. [EB/OL]. [2016 - 05 - 30]. http://www.cimc.com.

的研发时间。

在 C 公司不断巩固世界领先的冷藏箱制造企业地位的同时，专利权人格拉芙因自身经营出现问题，将其冷藏箱专利转让给德国瓦工堡公司（以下简称"瓦工堡"）。1999 年 6 月，经过多次协商谈判，C 公司与瓦工堡重新签订了专利许可协议，大幅降低了专利许可费，C 公司继续独占使用上述冷藏箱专利。2003 年 7 月，C 公司与瓦工堡签订了补充专利许可协议，获得了瓦工堡新开发的双球漏水器专利（ZL97122647）在中国的独占使用权。

三、中集集团冷藏箱专利许可后转移转化案例过程

（一）维权过程

2002 年底，C 公司在集装箱堆场调研中发现，S 公司、M 公司、T 公司等冷藏箱行业的主要竞争对手，存在对 C 公司从德国引进并独占实施的多项冷藏箱专利比较严重的侵权行为，涉及单球漏水器、双球漏水器、底角封、门封胶条等专利。这些专利中，双球漏水器取得了中国专利授权，受中国专利法的保护，便于在中国进行诉讼维权。此外，双球漏水器结构比较外露，不用破坏箱子的结构即可确认相关的技术特征，取证相对比较容易。

经谈判和协商，M 公司和 T 公司很快承认了其存在专利侵权行为，并就侵权行为进行了赔偿，随后 C 公司分别与它们签订了专利分实施许可协议。其中，T 公司承认侵权并道歉，一次性补偿 C 公司由此造成的经济损失 21.6 万美元，还签订漏水器、铰接式底角封等数件专利的分实施许可协议。M 公司也承认侵权并道歉，一次性补偿 C 公司经济损失 1 万美元，也签订了漏水器的分实施许可协议，双方还就未来在冷藏箱领域专利的合作达成了框架性协议。

而 S 公司则对谈判毫无诚意，在 C 公司告知其自己为多个冷藏箱专利技术的独占实施许可人后，一直不承认其有侵权行为。在谈判无果的情况下，C 公司制定了"联合外国专利权人，以我为主"，"国内专利侵权诉讼是核心"的诉讼策略，在对方以其一个自有专利诉 C 公司侵权后，C 公司随之增加了"彻底打掉对方该专利"的诉讼策略。

在确定上述诉讼策略后，瓦工堡、C 公司先后于 2003 年 8 月、2004 年

11月分别在上海市第一中级人民法院对S公司提起专利侵权诉讼，要求S公司立即停止侵权并赔偿两公司的损失。

S公司接到诉讼后，立即向专利复审委员会申请宣告双球漏水器专利无效，接着又以其员工个人名义再次对涉案专利提出无效宣告请求，并以涉案专利权利范围不稳定为由向上海市第一中级人民法院申请中止诉讼。

该专利维权案从2003年起，先后经历了立案、证据保全（2轮）、技术鉴定（3轮）、专利无效宣告请求审查（8轮）、海关扣箱等环节，一直到2008年初调解结案。在长达5年的纠纷处理中，涉及了专利纠纷的所有司法和行政层级；同时还在域外几个国家进行了法律诉讼，仅有案号的单独案件就达17件，其中还包括了专利收购和海关备案等非诉业务的谈判和处理。

中集集团通过该专利侵权纠纷的处理，有效阻遏了各竞争对手发展，进一步巩固和加强了C公司在冷藏箱市场的领导地位，使知识产权成为中集集团掌控市场的重要竞争手段之一。同时，C公司完成了对70多项冷藏箱专利权的收购，掌握了冷藏箱制造的核心技术，占据了冷藏箱相关知识产权的制高点。

（二）审理过程

（1）在上海市第一中级人民法院，先后分别以瓦工堡和C公司的名义诉S公司漏水器专利侵权，法院委托的专家经过两轮技术鉴定，认定S公司的产品落入漏水器专利的保护范围内。

（2）通过上海海关，扣留了S公司生产的20个冷藏箱，较好地配合了市场竞争策略的实施。

（3）在北京市高级人民法院，通过两轮五次审判，漏水器专利在权利要求7~10的基础上被继续维持有效；同时北京市人民检察院就北京市高级人民法院在第一轮审判中作出的判决中存在的瑕疵向最高人民检察院提起抗诉。

（4）打退了S公司对C公司的多轮"反攻"。S公司在上海诉C公司侵权的壁板专利被宣告全部无效，彻底解除了S公司对C公司的专利侵权指控。

（5）S公司在香港诉瓦工堡（C公司冷藏箱专利的原专利权人）商业威胁案被法院驳回，并被判赔偿瓦工堡的部分律师费。

（6）S公司在德国诉漏水器德国专利无效案也被德国法院驳回。

（三）最终结果

2008年2月，在上海市第一中级人民法院的主持下，该案调解结案，调解书主要内容如下：

（1）S公司承认在不知情的情况下使用了瓦工堡、C公司的涉案专利，并为此向瓦工堡、C公司致歉。

（2）S公司就使用涉案专利行为向瓦工堡、C公司补偿经济损失80万元人民币。

（3）S公司承担该案诉讼费用的2/3，瓦工堡、C公司承担该案诉讼费用的1/3。

（4）S公司撤销对涉案专利的专利无效宣告请求。

四、中集集团冷藏箱专利许可后转移转化模式

图2-4-1为中集集团的专利转移转化模式。图中示出了中集集团获得专利独占许可后进行专利维权的专利运营之道。

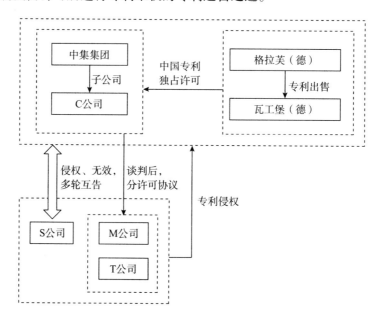

图2-4-1 中集集团的专利转移转化模式

图2-4-2为中集集团的相关诉讼关系。图中示出了中集集团与S公

司的专利诉讼历程，充分显示了中集集团利用法律途径保证自身市场地位的情形。

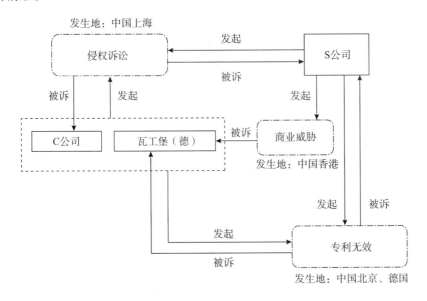

图 2 - 4 - 2　中集集团的相关诉讼关系

五、知识链接

（一）涉案双方争议的焦点

1. 双球漏水器的专利有效性

根据《专利法》[1] 第 22 条第 3 款的规定，创造性是指"同申请日以前已有的技术相比，该发明有突出的实质性特点和显著的进步。"

根据 1993 年《审查指南》的相关规定，发明有突出的实质性特点，是指对所属技术领域的技术人员[2]来说，发明相对于现有技术是非显而易见的。如果发明是所属技术领域的技术人员在现有技术的基础上仅仅通过合乎逻辑的分析、推理或者有限的实验可以得到，则该发明是显而易见

---

[1]　涉案中国发明专利申请于 1996 年，适用于 1992 年《专利法》。

[2]　所属技术领域的技术人员，也可称为本领域的技术人员，是指一种假设的"人"，假定他知晓申请日或者优先权日之前发明所属技术领域所有的普通技术知识，能够获知该领域中所有的现有技术，并且具有应用该日期之前常规实验手段的能力，但他不具有创造能力。如果所要解决的技术问题能够促使本领域的技术人员在其他技术领域寻找技术手段，他也应具有从该其他技术领域中获知该申请日或优先权日之前的相关现有技术、普通技术知识和常规实验手段的能力。

的，也就不具备突出的实质性特点。发明有显著的进步，是指发明与现有技术相比能够产生有益的技术效果。

在专利无效宣告请求程序中，S 公司提交了在先专利文献、出版物、公知常识等大量的现有技术证据，认为与上述现有技术证据中所述技术方案的相关简单组合相比，该专利项下的权利要求不具备 1992 年《专利法》第 22 条第 3 款所规定的创造性，因此该涉案专利应当被宣告全部无效。专利复审委员会合议组在查阅了这些资料后，对该案进行了口头审理，认定：

权利要求 1 请求保护的技术方案对于本领域技术人员而言显而易见，且未产生预料不到的技术效果，因此权利要求 1 不符合《专利法》规定的创造性。权利要求 2 ~ 6 系权利要求 1 的从属权利要求，在其引用的权利要求 1 不具备创造性前提下，其增加相关附加技术特征所分别形成的技术方案与现有技术相比，对本领域技术人员而言也显而易见，权利要求 2 ~ 6 也不符合专利法规定的创造性。

请求人提供的所有证据皆未公开权利要求 7 ~ 10 的附加技术特征，请求人认为这些附加技术特征为公知常识，但没有相应的证据支持，因此，权利要求 7 ~ 10 请求保护的技术方案对本领域普通技术人员而言并非显而易见，且能够安装在以多层结构形式设计的集装箱底板内，故该专利要求 7 ~ 10 请求保护的技术方案相对于现有技术有突出的实质性特点和显著进步，符合 1992 年《专利法》第 22 条第 3 款规定的创造性要求。

经过多达 8 轮的专利无效宣告请求审查，最终，双球漏水器权利要求 1 ~ 6 因不符合《专利法》规定的创造性而无效，权利要求 7 ~ 10 的发明专利权继续维持有效，从而使该专利的保护范围与其美国、欧洲同族专利的保护范围❶基本一致。该专利权经缩小保护范围后，权利更加稳定，为侵权诉讼的进行奠定了基础。

2. 侵权诉讼中的程序障碍❷

启动维权诉讼后，C 公司立即采取措施。2003 年 9 月，经 C 公司申

---

❶ 中国专利有 10 项权利要求，其中后 4 项权利要求与欧洲同族专利相同，而美国同族专利的权利要求则比欧洲同族专利还要窄，之所以出现同族专利的保护范围不同，主要是各国专利局的审查员就创造性、新颖性掌握的尺度稍有不同，相对而言，因中国专利审查制度建立时间相对不长，授权的范围相对宽些；另外，专利代理人的答辩水平也是导致专利授权各国所授予的同族专利保护范围存在差异的一个原因。

❷ 参见 1992 年《最高人民法院关于审理专利纠纷案件若干问题的解答》。

请，上海市第一中级人民法院到 S 公司工厂进行了证据保全，查封涉嫌侵权冷藏箱 1 台，相关设计图纸、财务账册 1 批，对侵权产品进行了证据固定；2004 年 10 月，经 C 公司申请，上海海关对 S 公司正在装船出运的 20 个新出厂的冷藏箱空箱进行了查扣，减小了 S 公司出售空箱这一侵权行为的影响。

2005 年 9 月，经 C 公司申请，上海市第一中级人民法院委托的技术鉴定专家及时到上海堆场对曾被上海海关查扣的 1 台冷藏集装箱进行现场勘验和证据保全，对有利于 C 公司的侵权证据进行了固定，并以该证据为依据出具了有利于 C 公司的《技术鉴定报告》，认定侵权产品落入了涉案专利 1~10 的保护范围。

2003 年 9 月，S 公司针对该专利向专利复审委员会提出无效宣告请求，请求宣告该专利全部无效，理由是：该专利权利要求不具有新颖性和创造性，并提交了 5 份证据。

根据我国 2000 年《专利法》，基于同一理由和事实，不得再次提出专利无效申请，但专利无效决定毕竟是行政决定，当事人仍享有向法院提出行政诉讼、上诉，确认或否定该行政决定的权利。与此同时，基于不同的抗辩理由或不同的事实，可对同一专利提出新的无效请求。

因此，S 公司以此为由，不停追加新的证据材料和从不同的角度提出无效申请，并对业已作出的专利无效决定向法院提起行政诉讼、二审、抗诉、再审等，同时以专利无效尚没有终审判决而向法院申请中止侵权诉讼的审理，使得案件的开庭审理一直拖延到了 2006 年。

3. 侵权产品是否落入涉案专利的保护范围

2000 年《专利法》第 56 条规定，发明或者实用新型专利权的保护范围以其权利要求的内容为准，说明书及附图可以用于解释权利要求。2001 年《专利法实施细则》第 20 条第 1 款规定，权利要求书应当说明发明或者实用新型的技术特征，清楚、简要地表述请求保护的范围。2001 年《专利法实施细则》第 21 条第 2 款规定，独立权利要求应当从整体上反映发明或实用新型的技术方案，记载解决技术问题的必要技术特征。

判断被控侵权物（产品或方法）是否落入发明或者实用新型专利权的保护范围，首先要确定发明或者实用新型专利权的保护范围，即以发明或者实用新型专利的权利要求的内容为准，确定权利要求书中明确记载的必要技术特征；其次对被控侵权物（产品或方法）进行技术分析，确定被控侵权物（产品或方法）相关的技术特征；最后逐项比较两者对应的技术特征，判定对应的技术特征是否属于相同或等同的技术特征。如果被控侵权物（产品或方法）缺少发明或实用新型专利的某一个或几个必要的技术特征，或被控侵权物（产品或方法）某一个或几个技术特征与发明或者实用新型专利对应的技术特征既不相同也不等同，则被控侵权物（产品或方法）技术特征未覆盖发明或者实用新型专利的全部必要技术特征，被控侵权物（产品或方法）未落入发明或者实用新型专利的保护范围。

鉴定专家对 C 公司专利的独立权利要求和技术特征进行了具体的分析，归纳了权利要求的技术特征及被控侵权产品的相关技术特征。鉴定专家将两方的技术特征进行对比分析后认为，被控侵权产品与该专利的主题名称相同，都是涉及一种用于货物集装箱的排水装置，两者所采用的技术特征等同或相同。因此，被控侵权产品覆盖了该专利的独立权利要求的全部必要技术特征。

4. 专利独占实施许可后，专利权人是否失去向侵权人主张经济赔偿的权利

在审理过程中，合议庭认为，由于瓦工堡将该专利授权给 C 公司独占实施许可，瓦工堡在中国大陆范围内没有实施该专利的权利，因此不会因为侵权人的侵权行为造成直接的经济损失，从而瓦工堡丧失向专利侵权人 S 公司请求经济赔偿的权利。

C 公司认为，首先，合议庭认为在签订有独占实施许可合同的情况下，许可人丧失针对专利侵权行为请求经济赔偿的权利观点缺乏法律依据；其次，C 公司提交的证据证明，侵权人从 2000 年已经实施了侵犯该专利权的行为，而瓦工堡与中集集团的独占实施许可协议签订于 2003 年 7 月，假设合议庭的理由成立，则瓦工堡对独占协议签订前的侵权行为导致的经济损失享有赔偿请求权；最后，在案件未经证据质证及实体审理前，合议庭即对瓦工堡的权利予以排除，并驳回司法审查申请，明显缺乏事实和法律依据。

（二）专利诉讼技巧

1. 诉讼证据

作为原告方应当向法院提交专利权权利证据、侵权证据以及损失证据。其中最关键的是侵权证据的固定，并将涉嫌侵权方的技术与自己的专

利技术进行对比分析，确定专利侵权是否成立。侵权证据主要是以书证、物证和专家报告为主。

（1）书证，通常是公证书。专利权人通过市场调查，发现了侵权行为后，通常会向公证机关提出申请，对购买侵权产品的过程及购得的侵权产品进行公证或对侵权现场（如许诺销售）或对侵权产品的安装地进行勘查公证，取得公证书，从而证明被告存在侵权行为。在公证取证的过程中，专利权人最好主动向销售者索取产品宣传册、销售侵权产品人员的名片、购货发票或收据，以进一步明确产品的生产者和销售者，同时专利权人可要求公证机关对前述资料的来源和真实性作出说明，一并记载在公证书中。对于集装箱、车辆等大型侵权产品，多通过拍照进行证据保全公证，如条件允许，除拍照铭牌等产品身份识别信息外，应将侵权产品的具体侵权结构特征（包括组装状态及分解状态）分别拍照，为后续的侵权比对提供证据。

（2）物证，主要是指专利权人从市场上购得的侵权产品。购得的侵权产品应由公证人员封存并拍照。在提交给法院之前，原告应确保封条完好无损，否则被告将可能在质证时提出异议，对侵权产品不予认可。必要时，可申请法院进行证据保全。

（3）专家报告。专利是一个技术性极强的法律领域，司法和行政机关在审理案件时往往都需要借助外部专家来判断该专利是否具有效力，以及所涉侵权产品是否落入了专利保护范围等专业问题。在具体的知识产权案件中，选择什么样的专家，对哪些专业问题提出什么专业报告，常常会直接决定该专利有效案件、专利侵权案件的走向。

2. 诉前禁令

专利维权的核心是认定侵权并尽快制止被告的侵权行为，并对经济损失进行索赔；为了及时控制对方的侵权行为，可以申请法院诉前禁令。

专利侵权纠纷中的诉前禁令是为及时制止正在实施或即将实施的侵害权利人知识产权的行为，而在当事人起诉前根据其申请发布的一种禁止行为人从事某种行为的强制性命令。

诉前禁令的启动必须是由专利权人或者利害关系人向有专利侵权案件管辖权的人民法院提出，由人民法院依法作出裁定。根据我国 2000 年《专利法》的规定，诉前禁令的申请存在两个前提，一是申请人有证据证明他人正在实施或即将实施侵犯其专利权的行为；二是如不及时制止会给申请人的合法权益造成难以弥补的损害。另外，法院会要求原告为诉前禁令提供经济担保。

3. 无效宣告请求

专利权无效宣告请求是专利维权过程中经常碰到的一个核心法律程序。

作为无效宣告请求人，无效宣告请求的理由有 12 项之多，最好委托实战经验丰富的专利代理人、专利工程师协助收集证据、确定无效理由、参与口头审理；作为专利权人，要积极进行答辩，除审核证据的真实性、合法性和关联性外，还要组织专利工程师、内部技术专家对相关专利技术方案和现有技术证据进行深入研讨分析，制定严密的答辩策略，做好书面答辩和口头审理答辩工作。

4. 哪些情形会导致诉讼程序中止❶?

人民法院受理的侵犯实用新型、外观设计专利权纠纷案件，被告在答辩期间请求宣告该项专利权无效的，人民法院应当中止诉讼。但具备下列情形之一的，可以不中止诉讼：

（1）原告出具的检索报告中未发现导致实用新型专利丧失新颖性、创造性的技术文献；

（2）被告提供的证据足以证明其使用的技术已经公知；

（3）被告请求宣告该项专利权无效所提供的证据或者依据的理由明显不充分；

（4）人民法院认为不应当中止诉讼的其他情形。

专利侵权诉讼中，侵权人会用尽一切手段阻碍案件的正常审理，被侵权人应当熟知法律法规，恰当地运用法律工具，及时反击对方对维权的干扰。

 案例点评

该案例中 C 公司能够获得专利维权的全面胜利，首先，在于其事先全面掌握了核心技术的专利权，通过与瓦工堡等专利权人签订独占实施许可合同的方式，获得了市场的技术支配地位，由于专利权人的全力配合，取

---

❶ 参见 1992 年《最高人民法院关于审理专利纠纷案件若干问题的解答》。

得了专利分实施许可和专利侵权诉讼的胜利，这得力于事先签订许可合同时的周密约定，否则待发生纠纷再去补签协议往往会陷入被动，并且会造成维权的延误。其次，在发动专利诉讼之前认真进行了相关证据的收集、固化和认证，这种侵权产品的证据保全工作对侵权事实的认定非常重要。C公司通过诉前证据保全、海关扣押等方式，将被保全的侵权证据处于被告控制范围内，并及时对侵权产品所涉及的所有技术特征（必要技术特征及附加技术特征）全部贴封条并进行拍照固定，避免证据被篡改，同时采用公证等手段获得了法院的认可。

再次，C公司对于专利侵权诉讼具有全面的把握和战略上的统筹应对，这也确保了专利诉讼的最终胜利。一般情况下，当专利侵权案件发生时，被诉侵权人会采用销毁证据、反诉侵权、无效涉案专利等手段予以反制。C公司在这些环节中均采用了恰当的策略予以应对，例如前述的证据保全措施。另外，专利无效宣告程序是专利维权案的关键环节，C公司从案件实体、外部资源等方面保证了专利无效案件的顺利进行，避免因专利被宣告无效而导致整个案件败诉。知识产权诉讼，相比较一般的商事法律纠纷而言，时间更为漫长，司法程序更为复杂，特别是专利案件因为专利复审程序的存在，很容易陷于无效申请—行政裁定—行政诉讼—上诉—发回重审或新一轮无效申请的司法漩涡。对实体的把握和程序的谙熟，对知识产权诉讼的策划和实施至关重要。

最后，该案例带给我们的启示是专利纠纷和维权需要有全球视野。在该案中围绕专利侵权诉讼，双方当事人分别在中国（上海、北京、香港）和德国开展了专利的攻防，当事人希望借助不同管辖法院的不同法律文化和背景取得有利于自己的诉讼结果，这需要涉事人员的全面知识储备和较强的统筹协调能力，把握应诉节奏，灵活采用不同策略以实现最终战役的胜利。

5　内蒙古第一机械集团有限公司钢包精炼炉专利许可案例

一、内蒙古第一机械集团有限公司概况

内蒙古第一机械集团有限公司（以下简称"内蒙古一机"），是内蒙古自治区最大的装备制造企业，拥有国家级的企业技术中心和院士工作站，形成了军民品整机和核心零部件的设计开发、工艺研究和计量检测、试验能力和以车辆传动、悬挂、动辅、大型精密结构件和整机装配等为核心的一整套综合机械制造能力。经过近 60 年的发展，公司形成了以军品、铁路车辆、车辆零部件、石油机械、工程机械等为核心的产品产业格局。❶

二、内蒙古一机钢包精炼炉专利许可案例背景

2008 年，内蒙古一机铸造分公司完成了"钢包精炼炉多箱浇注工艺技术研究"的项目研发。在项目研发过程中，为了及时、有效地保护这一具有很高推广使用价值的技术成果，内蒙古一机同时申请了名称为"精炼炉热装塞杆多箱浇注装置系统"的实用新型专利和发明专利，其专利号分别为 ZL03208217.7 和 ZL03155287.0，二者分别于 2004 年和 2005 年获得授权。

三、内蒙古一机钢包精炼炉专利许可案例过程

由于其良好的经济效益和社会效益，该专利一经公开，就引起了同行

---

❶　内蒙古第一机械集团有限公司. [EB/OL]. [2016-05-30]. http://www.nmgyj.com/.

业的高度关注。2008 年 9 月 14 日，陕西方园冶金设备有限公司与内蒙古一机签订了该专利的排他实施许可合同，许可费由入门费和销售提成两部分组成，自此该专利从无形资产正式转化为销售收入，增加了内蒙古一机的创收渠道。

随着该专利市场价值的进一步体现，侵权困扰随之出现。2009 年 8 月 7 日，被许可方陕西方园冶金设备有限公司给内蒙古一机发来一份传真，内容是国营华晋冶金铸造厂委托西安华昌成套设备有限公司生产该专利产品并已正式投入生产运营，这一行为严重侵犯了内蒙古一机及被许可方的合法权益，请求内蒙古一机对以上两家企业的侵权行为进行调查取证，并追究其实法律责任，以保障双方合法权益。内蒙古一机迅速对侵权公司在互联网上对该侵权专利产品的宣传内容和图片进行公证以固定证据，并组织技术部门、法律部门和知识产权管理部门到涉嫌侵权公司实地调查取证，然而由于涉嫌侵权公司的阻挠，调查取证未取得实质性的内容。2011 年，内蒙古一机提起民事诉讼，要求涉嫌侵权公司停止侵权、赔偿损失。在经历管辖权异议等程序后，2012 年，该诉讼最后由太原市中级人民法院审理，然而由于始终无法取得有力的证据，最后内蒙古一机以败诉告终。

四、内蒙古一机钢包精炼炉专利许可模式

2008 年 9 月 14 日，陕西方园冶金设备有限公司与内蒙古一机签订了该专利的排他实施许可合同，许可费由入门费和销售提成两部分组成（见图 2 - 5 - 1）。

图 2 - 5 - 1　内蒙古一机专利许可模式

五、案例亮点及效益分析

通过以上专利技术转移转化，内蒙古一机使用热装塞杆进行多箱铸件的浇注，吨钢水耗可节约 67 元，全年按 40000 吨钢水计算，节约 268 万元，此专利使浇注中小型铸件的铸钢厂具备了上精炼炉的可能，解决了精炼炉浇注多箱铸件的难题；通过签订专利的排他实施许可合同，也大大提

高了公司的收入。陕西方园冶金设备有限公司通过引入新技术，降低生产成本，提高自身经济效益。

（1）内蒙古一机注重科技创新，高效运用知识产权为公司创造经济效益，不断提高知识产权保护意识，通过有效的法律手段，保护自身权益。

（2）陕西方园冶金设备有限公司充分利用专利信息，了解高新技术发展状态，积极引入先进专利技术，提升自身生产能力和提高经济效益。

 **案例点评**

该案例中内蒙古一机利用专利进行许可获得收益，并利用专利诉讼打击竞争对手取得了宣传效果，应当说是较为成功的，带给我们很多可以借鉴和反思之处。

首先，该公司将"钢包精炼炉多箱浇注工艺技术研究"的项目研发成果及时申请了专利，并且利用实用新型和发明专利授权时间的差异，同时申请两种专利类型，起到了快速获权、快速收益的效果。但是，当前值得注意的是，在 2009 年第三次专利法修改完成之后，这一做法受到了限制，只能允许就相同的发明创造在同一天同时申请发明和实用新型专利申请，并且在发明专利授权时，实用新型专利尚未终止。因此，需要根据实际需要谨慎选择这一策略，以免造成不必要的浪费。

其次，对于第三方的侵权行为，该公司积极采取了维权行动，虽然最终因为证据问题没能获得胜诉，但配合舆论宣传，还是起到了打击对方声誉、提升自身影响力的目的，部分实现了专利的价值。

最后，由于该公司的"精炼炉热装塞杆多箱浇注装置系统"属于一种钢的冶炼浇注设备，按照谁主张谁举证的原则，要想证明别人侵权，需要专利权人自己收集证据，这无疑是比较困难的，因为这种冶炼设备只能在炼钢厂内部使用，除非还在外部市场销售设备本身，否则难以举证。由于我们国家仅对新产品的制造方法专利采取举证责任倒置的规定，即由被控侵权者举证证明自己的产品未侵犯权利人专利，并且出于公平考虑，法律对权利人在证据的收集方面并未赋予更多更有效的制度手段，因此一旦权利要求书撰写不恰当，权利人在主张权利时候会碰到很大的困难。当前只能采取选择合适的管辖法院、借助行政执法、公证固化证据等授权予以解决，但效果非常有限。

　　这提示我们，在撰写专利申请时，就应当考虑未来维权获取证据的便利性，尽量采用具有高显示度的撰写方法，例如产品权利要求、方便观察和收集证明的特征限定法等，以便于维权。

　　同时，采用技术秘密和专利布局相结合的方式立体保护发明创造，也是一种非常好的保护方式，即在满足专利法充分公开的要求下，将部分技术内容采用技术秘密的方法进行保护，把其他方案用专利进行保护，这样别人即使了解了专利申请的内容也无法达到最佳的实施方案，从而有效地达到保护的目的。但是这种方法需要对专利的撰写技巧有很深的了解，并且对技术方案有很好的掌握，同时也能利用好，否则，很可能导致既未获得专利权，也没有充分保护的相反效果，当然，这对进行专利文件撰写的人员素质和水平有较高要求，公司内部需要优秀的知识产权工作人员，也需要遴选出优质的专利服务机构。

第三篇

中小企业及个人篇

1　东莞怡信磁碟有限公司专利自实施与维权案例

2　盐城市好运文具有限公司文具专利标准化运营案例

3　哈尔滨东方报警设备开发有限公司无线报警系统专利自实施案例

4　哈尔滨通能电气股份有限公司密封圈专利自实施及维权案例

5　即时通讯类个人专利权转移案例

篇 首 语

2015 年 6 月 16 日，国务院发布《国务院关于大力推进大众创业万众创新若干政策措施的意见》，提出推进大众创业、万众创新，是扩大就业、实现富民之道的根本举措，要加强创业知识产权保护，丰富创业融资新模式，完善知识产权估值、质押和流通体系。对创业者而言，该意见的出台至少传递了两方面的"利好"信号，一方面是创业者拥有的知识产权将得到"强"保护；另一方面是从"知识产权"到"资本"的通道将更为畅通，将"知本"变为"资本"是创业者需要考虑的问题。

意见指出市场创业主体包括有梦想、有意愿、有能力的科技人员、高校毕业生、农民工、退役军人、失业人员等，他们正在经历从个人到微小企业到中小企业这样一个重要的创业阶段，这些创业主体在处理知识产权，尤其是和专利相关的知识产权的转移转化方面有非常迫切的需求。

很多创业者通过专利赚到人生第一桶金，远有业界佳话——日本的首富孙正义 19 岁通过卖翻译器专利赚到 100 万美元，近看当下潮涌的创业者也有很多通过专利获利的成功案例。通过梳理这些发生在身边的案例经验，相信会为创业者用好专利带来积极有益的启发。

本篇选取了与中小企业及个人有关的四种不同类型的案例，这些中小企业和个人分别通过专利技术自主实施、诉讼维权、专利标准化、专利转让等途径成功实现了"知本"到"资本"的转化，希望为创业者提供借鉴。

1 东莞怡信磁碟有限公司专利 自实施与维权案例

一、东莞怡信磁碟有限公司概况

东莞怡信磁碟有限公司（以下简称"东莞怡信"）为城晖国际（控股）有限公司的全资子公司，于1993年3月31日在广东省东莞市樟木头镇宝山工业区注册成立，主要经营生产和销售三寸半电脑磁碟、空白录像带盒，注册员工人数300名，注册资本4500万元人民币。

东莞怡信自2000年以来在国内申请专利27件，其中发明专利申请3件，PCT发明专利申请1件，实用新型专利申请16件，外观设计专利申请7件。2007年以来，该公司专利申请主要涉及可充式喷液瓶技术。第一件涉及可充式喷液瓶的实用新型专利（发明名称"便携可充式喷液瓶"，ZL200720051806.9）开始，围绕该技术，东莞怡信先后申请相关发明专利2件，PCT发明专利1件，实用新型专利10件，外观设计专利7件。由此可见，2007年后该公司围绕其核心技术全面对该技术进行专利布局，就该技术不断进行改进，先后申请20件专利，并在国外申请专利20余件。可充式喷液瓶技术在该公司具有十分重要的地位。

二、东莞怡信专利自实施与背景

东莞怡信首件关于可充式喷液瓶的实用新型专利于2008年5月7日获得授权（ZL200720051806.9），涉及一种可循环充液使用的便携可充式喷液瓶。

公知的便携式喷液瓶是由喷头组件、内瓶和外壳组成，喷液瓶内液体用完后无法进行补充。因此，喷液瓶均为一次性使用，液体用完后喷液瓶也无使用价值，唯有丢弃。因现有喷液瓶均采用塑胶材料制造，丢弃容易造成环境污染，不利于环保，而且对于生产者和消费者而言，一次性使用的物品也不经济，并造成生产资料的极大浪费。如果使用者选择大瓶液体时，又不方便携带，也是使用者和生产者头疼的问题。

便携可充式喷液瓶，如图 3 - 1 - 1 所示，包括喷头组件、内瓶和外壳，喷头组件安装于内瓶上部，于内瓶底部设有充液结构，充液结构包括内瓶底部的充液口、安装在充液口的顶杆、顶杆回位结构以及密封结构；内瓶上还设有排气结构。顶杆设有充液管道，充液管道的出口位于顶杆的侧方并与充液口相通；顶杆的顶端形成一限位块，限位块上设有密封圈。

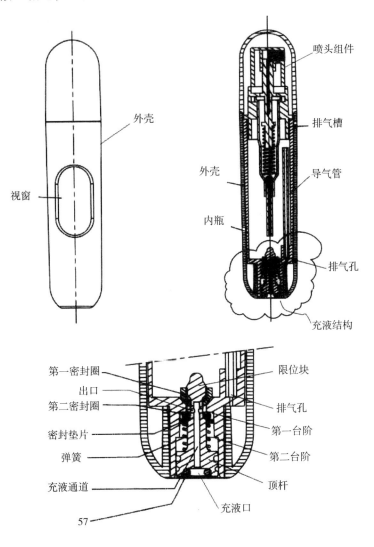

图 3 - 1 - 1 便携可充式喷液瓶产品结构

其充液过程如下：外界的大瓶喷嘴对准便携式喷液瓶的充液口，使顶杆充液通道的入口与大瓶喷嘴对准，然后下压喷液瓶使顶杆上升，进而使顶杆上的第一密封圈与充液口上端的内壁分开，使内瓶与充液口接通，即冲液管到出口与内瓶连通，大瓶里的液体由充液通道进入充液口并进入内瓶。液体进入内瓶后，瓶内的气体通过排气结构排出以保证持续充液。

具体地，排气结构为设置于内瓶上部的顶部排气槽。或者，排气结构包括设置于内瓶底部的排气孔及与排气孔接通并延伸至内瓶顶部的导气管，即上方空气通过导气管由底部的排气孔排出。也可以是上述两种排气结构方案并存。

密封结构包括安装于顶杆的限位块的第一密封圈和位于顶杆充液管道出口下方的第二密封圈。内瓶底部的充液口上部呈 V 形，第一密封圈为 V 形密封圈。于充液口内设置第一台阶面，第二密封圈及密封垫片位于第一台阶面下方；顶杆回位结构包括套于顶杆的弹簧，且弹簧卡位于密封垫片及顶杆下部之间，呈压缩状态。弹簧将密封垫片及第二密封圈紧压于第一台阶面形成密封。喷头组件与内瓶通过倒扣结构连接。所述外壳上开设有用于观察内瓶内液体余量的视窗。

便携可充式喷液瓶具有一定的技术优越性。内瓶底部的充液口上部呈 V 形，第一密封圈为 V 形密封圈，V 形密封圈密封效果好。喷头组件与内瓶通过倒扣结构连接，该结构不但组装方便快捷，而且密封效果好，不易松动。设有视窗易于观察瓶内液体余量。采用了上述结构的喷液瓶不但便于携带，更使喷液瓶具有可重复使用的价值，使用者可以在瓶内液体使用完后，通过充液结构自行充液，而不用丢弃瓶体，从而节约成本，更有利于环保。

该专利为实用性强的实用新型专利，其内容完全为结构设计，技术成熟，已完全应用在产品上。

三、便携可充式喷液瓶诉讼案例过程

1. 东莞怡信诉常州圣美、常州莱尼特

2012 年 5 月 30 日，东莞怡信诉常州莱尼特国际贸易有限公司（以下简称"常州莱尼特"）、常州圣美包装制品有限公司（以下简称"常州圣美"）侵害该实用新型专利权，常州市中级人民法院于 2013 年 6 月 19 日作

出（2012）常知民初字第 173 号判决，认定常州莱尼特出口销售，常州圣美生产销售的行为侵犯了专利号为 ZL200720051806.9 的实用新型专利的专利权，判决常州圣美赔偿东莞怡信经济损失及合理费用共 10 万元，常州圣美不服判决，向江苏省高级人民法院提出上诉。常州圣美二审未到庭，该案按自动撤回上诉处理，（2012）常知民初字第 173 号判决生效。

2. 东莞怡信诉常州圣美

2013 年 7 月 18 日，东莞怡信诉常州圣美生产销售的另一种产品侵害专利号为 ZL200720051806.9 的实用新型专利的专利权。常州市中级人民法院于 2014 年 3 月 4 日作出（2013）常知民初字第 124 号判决，认定被控侵权产品的外壳不具备专利复审委员会作出的第 20271 号无效宣告请求审查决定中认定的涉案专利外壳的瞬时密封的功能，缺少附加必要技术特征未落入涉案专利权的保护范围。判决驳回原告东莞怡信的所有诉讼请求。

3. 东莞怡信诉义乌市钰金公司

2012 年 8 月 2 日，东莞怡信诉义乌市钰金进出口有限公司（以下简称"钰金公司"）在互联网和经营场所销售侵犯专利号为 ZL200720051806.9 的实用新型专利的专利权产品。浙江省义乌市人民法院于 2013 年 3 月 26 日作出（2012）金义知民初字第 640 号民事判决，认定被告钰金公司所销售的被控侵权产品所实施的技术方案已经落入涉案专利权利要求 4、5、6 的保护范围，被告钰金公司未经原告许可销售上述产品，又未能提供证据证明产品的合法来源，其销售行为已经侵犯了原告的专利权。判决被告钰金公司立即停止销售侵犯专利号为 ZL200720051806.9 的实用新型专利的侵权产品行为，被告钰金公司赔偿东莞怡信为制止该案侵权行为所支付的合理开支 1 万元，驳回原告的其他诉讼请求。

4. 东莞怡信诉夏六丽、淘宝公司

2013 年 11 月 6 日东莞怡认为夏六丽和浙江淘宝网络有限公司（以下简称"淘宝公司"）生产、销售侵犯东莞怡信专利号为 ZL 200720051806.9 的实用新型专利的专利权的侵权产品，给东莞怡信造成了重大的经济损失，浙江省杭州市中级人民法院于 2014 年 4 月 11 日作出（2013）浙杭知初字第 391 号民事判决，认定被诉侵权产品的技术特征完全覆盖了涉案专利权利要求 1、2、4 的全部技术特征，故落入了该实用新型专利权的保护范围，淘宝公司对夏六丽实施的侵权行为没有过错，无须承担侵权责任。判决：（1）夏六丽立即停止实施侵犯专利号为 ZL200720051806.9 的"便

携可充式喷液瓶"实用新型专利权的行为,即立即停止销售、许诺销售侵权产品,销毁库存侵权产品;(2)夏六丽于判决生效之日起 10 日内赔偿东莞怡信经济损失及合理费用人民币 25000 元;(3)驳回东莞怡信的其他诉讼请求。

夏六丽不服该判决,向浙江省高级人民法院提起上诉。浙江省高级人民法院于 2014 年 7 月 24 日受理此案,并于 2014 年 10 月 17 日作出(2014)浙知终字第 169 号判决,认定:夏六丽未经许可,为生产经营目的销售、许诺销售落入涉案专利权保护范围的产品,应承担侵权责任。原审判决认定事实清楚,适用法律正确,应予维持,判决驳回上诉维持原判。

5. 东莞怡信诉余姚市佳华铝塑制品厂、杭州阿里巴巴广告有限公司

2014 年 11 月 25 日,东莞怡信诉称 2011 年发现余姚市佳华铝塑制品厂(法定代表人周尧林)生产、销售、出口侵权产品,于 2012 年向上海海关举报,当场查获余姚市佳华铝塑制品厂生产的一批"喷雾器"合计约 9700 个。同年,东莞怡信向苏州市中级人民法院起诉。该院审理后作出民事判决,认定余姚市佳华铝塑制品厂侵犯东莞怡信专利权。余姚市佳华铝塑制品厂也表示不再生产销售侵权产品。2014 年,东莞怡信在市场调查中发现,余姚市佳华铝塑制品厂仍然生产、销售侵权产品,杭州阿里巴巴广告有限公司为余姚市佳华铝塑制品厂的销售行为提供便利,共同侵犯东莞怡信专利权,造成重大经济损失。2015 年 4 月 17 日,浙江省杭州市中级人民法院作出(2014)浙杭知初字第 1228 号判决,认定因被控侵权产品与涉案专利在排气结构及充液方式方面存在差别,而东莞怡信不能证明两者属于基本相同的手段、实现基本相同的功能,达到基本相同的效果,且本领域普通技术人员无需经过创造性劳动就能够联想到的特征,故上述区别性技术特征与涉案专利对应的技术特征不属于等同技术特征,即被控侵权产品未落入专利号为 ZL200720051806.9 的实用新型专利权的保护范围,负有举证责任的东莞怡应承担举证不能的法律后果,即东莞怡信对余姚市佳华铝塑制品厂、杭州阿里巴巴广告有限公司的侵权指控,应予以驳回。判决驳回原告东莞怡信的诉讼请求。

6. 东莞怡信诉深圳周成科技有限公司

2013 年 3 月 25 日,广东省深圳市中级人民法院受理东莞怡信诉深圳周成科技有限公司侵害专利号为 ZL200720051806.9 的实用新型专利权案。东莞怡信诉称发现深圳周成科技有限公司未经原告许可非法在互联网上公

然销售侵犯专利权的侵权产品。2014 年 3 月 26 日广东省深圳市中级人民法院作出（2013）深中法知民初字第 206 号判决，认定被控侵权产品的技术方案包含了与原告实用新型专利权利要求 1、2、4 记载的全部技术特征相同的技术特征，被控侵权产品落入原告专利权的保护范围。判决：被告深圳周成科技有限公司立即停止侵害东莞怡信专利权的行为，赔偿原告东莞怡信经济损失及合理的维权费用 30000 元人民币。驳回原告东莞怡信的其他诉讼请求。

7. 东莞怡信诉北京创锐、常州圣美

2013 年东莞怡信向北京市第二中级人民法院提起诉讼，诉称北京创锐文化公司（以下简称"北京创锐"）的"聚美优品"网站销售的自装式香水瓶侵犯了其便携可充式喷液瓶专利权。2012 年 8 月北京创锐作为甲方与乙方常州圣美签订《OEM 合作协议》，主要约定甲方委托乙方生产自泵式香水瓶由乙方贴牌销售，依据前述合同，北京创锐为涉案产品的设计者、销售者，应承担主要责任，其指定常州圣美代工生产涉案产品，常州圣美也负有侵权责任，二被告应承担连带侵权责任。北京市第二中级人民法院作出（2013）二中民初字第 10949 号民事判决，认定被控侵权产品的外壳不具备专利复审委员会作出的第 20271 号无效宣告请求审查决定中认定的涉案专利外壳的瞬时密封的功能，缺少附加必要技术特征未落入涉案专利权的保护范围。判决驳回原告东莞怡信的所有诉讼请求。

东莞怡信不服原审判决，向北京市高级人民法院上诉，请求撤销原判，2014 年 4 月 11 日，北京市高级人民法院作出（2014）高民终字第 738 号判决，认定涉案专利排气孔与涉案产品排气孔存在区别，东莞怡信既没有提交任何证据证明上述技术特征属于基本相同的手段以及两个技术特征所达到的功能、实现的效果基本相同，也没有对此进行充分说明，因此本院对其关于涉案产品落入涉案专利权保护范围的主张不予支持。判决驳回上诉维持原判。

8. 东莞怡信诉黄美盼、杭州阿里巴巴广告有限公司

2014 年 10 月 14 日，东莞怡信向浙江省杭州市中级人民法院提起诉讼，诉称黄美盼公然、生产销售侵犯专利号为 ZL200720051806.9 的实用新型专利权的侵权产品，杭州阿里巴巴广告有限公司为黄美盼提供销售平台。2014 年 12 月 10 日，浙江省杭州市中级人民法院作出（2014）浙杭知初字第 1155 号判决，认定被控侵权产品的技术特征完全覆盖涉案专利权权

利要求 1、2、4 的全部技术特征，落入了涉案专利的保护范围，属侵权产品；东莞怡信要求被告停止侵权并赔偿经济损失和制止侵权的合理费用等诉讼请求具有事实和法律依据，予以维持；杭州阿里巴巴广告有限公司系网络服务提供者，对卖家主体身份进行了核实并要求不得销售侵权产品，在阿里巴巴网店首页标注了实际经营者主体身份信息一致的信息，并及时删除了侵权产品信息链接，已经尽到义务。黄美盼在网站上发布的产品信息是否侵权涉及专业技术判断，杭州阿里巴巴广告有限公司不具有审查能力与义务，东莞怡信未提供有效证据证明杭州阿里巴巴广告有限公司明知产品侵权而仍予提供网络服务，故杭州阿里巴巴广告有限公司对于黄美盼的本案侵权行为并未违反法律、行政法规的规定提供便利条件，不构成共同侵权。判决：被告黄美盼立即停止实施侵犯"便携可充式喷液瓶"实用新型专利权的行为，即立即停止销售、许诺销售侵权产品、销毁库存侵权产品，赔偿东莞怡信 25000 元人民币，驳回原告东莞怡信的其他诉讼请求。

9. 东莞怡信诉沈力韵

2012 年，东莞怡信在广东省广州市中级人民法院提起诉讼，诉沈力韵侵犯专利号为 ZL200720051806.9 的实用新型专利权。东莞怡信即委托代理人向广州市广州公证处申请保全证据公证，广州市广州公证处对购买过程进行了公证并出具了相关内容的公证书。广州市知识产权局对被告经营场所进行现场勘验后作出穗知法字（2012）第 7 号专利侵权纠纷处理决定书，决定被告立即停止侵权行为，并销毁库存产品。广州市中级人民法院于 2014 年 7 月 18 日作出（2012）穗中法民三初字第 557 号判决，认定被诉侵权产品落入专利号为 ZL200720051806.9 的实用新型专利权的保护范围，认定被告未经许可销售了侵犯原告涉案专利权的产品，其行为已经构成对原告专利权的侵犯，判决被告沈力韵立即停止销售侵犯原告东莞怡信名称为"便携可充式喷液瓶"，专利号为 ZL200720051806.9 的实用新型专利权的产品的行为；被告沈力韵赔偿原告东莞怡信 25000 元人民币，驳回原告东莞怡信的其他诉讼请求。

10. 东莞怡信诉吕明晓

2013 年 7 月 10 日，东莞怡信向广东省广州市中级人民法院提起诉讼，诉称：吕明晓在阿里巴巴网站上注册网络店铺并销售被控侵权产品。广东省广州市中级人民法院作出（2013）穗中法知民初字第 567 号判决，认定吕明晓未经东莞怡信许可，销售了被诉侵权产品，侵犯了东莞怡信的涉案专利权，判决吕明晓停止销售东莞怡信名称为"便携可充式喷液瓶"，专利号为 ZL200720051806.9 的实用新型专利权的产品，吕明晓销毁库存的上述产品；吕明晓赔偿东莞怡信 2 万元人民币；驳回东莞怡信的其他诉讼请求。

吕明晓不服上述判决向广东省高级人民法院上诉，请求撤销原判，广东省高级人民法院于 2014 年 8 月 18 日作出（2014）粤高法民三终字第403 号判决，认定原审判决认定事实清楚，适用法律正确，依法应予以维持，判决驳回上诉维持原判。

11. 东莞怡信诉大乔网络、京东

2014 年，东莞怡信向北京市第三中级人民法院提起诉讼，诉称被告大乔网络科技（杭州）有限公司（以下简称"大乔网络"）、北京京东三百陆拾度电子商务有限公司（以下简称"京东"）生产销售侵害 ZL200720051806.9 实用新型专利权的侵权产品。北京市第三中级人民法院依法向被告送达了起诉状副本后，被告大乔网络于法定期限内提出管辖权异议申请，认为大乔网络的住所地位于杭州市滨江区，因此本案应由杭州市中级人民法院管辖。北京市第三中级人民法院作出（2014）三中民初字第 07229 号管辖权异议民事裁定，认为被告京东的住所地位于北京市第三中级人民法院辖区，且北京市通州区人民法院不设知识产权庭，故北京市第三中级人民法院对本案具有管辖权，裁定驳回被告大乔网络对本案管辖权提出的异议。

大乔网络不服一审裁定，向北京市高级人民法院提起上诉，请求撤销一审裁定，将本案移送浙江省杭州市中级人民法院审理。北京市高级人民法院作出（2015）高民（知）终字第 00863 号民事裁定，认为一审法院对本案具有管辖权，裁定驳回上诉，维持原裁定。

12. 东莞怡信的其他民事诉讼

原告东莞怡信与被告纽海电子商务（上海）有限公司（1 号店）侵害实用新型专利权纠纷一案，上海市第一中级人民法院于 2014 年 3 月 12 日受理后，依法组成合议庭，于 2014 年 5 月 6 日公开开庭进行了审理。2014年 5 月 17 日，原告提出撤诉申请。上海市第一中级人民法院作出（2014）沪一中民五（知）初字第 50 号民事裁定，裁定准许原告撤回对被告纽海电子商务（上海）有限公司的起诉。

东莞怡信向浙江省义乌市人民法院提起诉讼，诉称被告陈津旭、浙江中国小商品城集团股份有限公司关于侵害其实用新型专利权，原告东莞怡信于2015年4月7日向浙江省义乌市人民法院提出撤诉申请。浙江省义乌市人民法院作出（2015）金义知民初字第167号民事裁定，裁定准许原告撤回起诉。

东莞怡信向浙江省义乌市人民法院提起诉讼，诉称被告章利群、浙江中国小商品城集团股份有限公司侵害其使用新型专利权，原告东莞怡信于2015年2月2日向本院提出撤诉申请，浙江省义乌市人民法院作出（2015）金义知民初字第4号民事裁定，裁定准许原告撤回起诉。

东莞怡信向浙江省义乌市人民法院提起诉讼，诉称被告宗碧香、浙江中国小商品城集团股份有限公司侵害其使用新型专利权，原告东莞怡信于2014年11月7日向本院提出撤诉申请，浙江省义乌市人民法院作出（2014）金义知民初字第759号民事裁定，裁定准许原告撤回起诉。

东莞怡信向浙江省义乌市人民法院提起诉讼，诉称被告傅小小、浙江中国小商品城集团股份有限公司侵害其使用新型专利权，原告东莞怡信于2015年4月7日向本院提出撤诉申请，浙江省义乌市人民法院作出（2015）金义知民初字第171号民事裁定，裁定准许原告撤回起诉。

常州圣美于2012年7月23日向专利复审委员会提出了无效宣告请求，认为该专利权利要求1、2、5、6不符合《专利法》第22条第2款的规定，权利要求1~9不符合《专利法》第22条第3款的规定，请求宣告该专利全部无效。余姚市佳华铝塑制品厂法定代表人周尧林于2012年9月11日向专利复审委员会提出了无效宣告请求，认为该专利权利要求1~9不符合《专利法》第22条第3款的规定，请求宣告该专利权利要求1~9全部无效。针对上述两个无效宣告请求，2012年11月8日在专利复审委员会举行了口头审理。随后专利复审委员会发出决定日为2013年3月15日的第20271号无效宣告请求审查决定书，维持ZL200720051806.9实用新型专利权有效。

常州圣美对第20271号无效宣告请求审查决定不服，向北京市第一中级人民法院起诉，北京市第一中级人民法院作出（2013）一中知行初字第2467号行政判决，认为第20271号决定对该专利权利要求1具备创造性认定有误，其在此基础上认定该专利其他权利要求具备创造性亦缺乏依据，专利复审委员会应当在该专利权利要求1无效的基础上，重新作出审查决定。判决撤销专利复审委员会作出的第20271号决定，专利复审委员会重新作出审查决定。

专利复审委员会对（2013）一中知行初字第 2467 号行政判决不服，向北京市高级人民法院上诉，于 2015 年 7 月 20 日作出（2014）高行（知）终字第 3048 号判决，认定原审判决事实认定错误，本院予以纠正，专利复审委员会的上诉理由成立，对其上诉请求，本院予以支持，判决：撤销北京市第一中级人民法院（2013）一中知行初字第 2467 号行政判决，维持国家知识产权局专利复审委员会作出的第 20271 号无效宣告请求审查决定。

夏六丽于 2014 年 1 月 10 日向专利复审委员会提出了无效宣告请求，认为该专利权利要求 1~9 不符合《专利法》第 22 条第 3 款的规定，请求宣告该专利全部无效。针对上述无效宣告请求，2014 年 6 月 18 日在专利复审委员会举行了口头审理。夏六丽于 2014 年 6 月 8 日再次向专利复审委员会提出了无效宣告请求，认为该专利权利要求 1~9 不符合《专利法》第 26 条第 4 款的规定，该专利权利要求 1~9 缺少必要技术特征，不符合《专利法实施细则》第 20 条的规定，权利要求 1~9 不符合《专利法》第 22 条第 3 款有关的规定，请求宣告该专利权利要求 1~9 全部无效。针对上述无效宣告请求，2014 年 8 月 15 日，专利复审委员会举行了口头审理。随后针对上述两个无效宣告请求专利复审委员会发出决定日为 2014 年 8 月 22 日的第 23681 号无效宣告请求审查决定书，维持 ZL200720051806.9 实用新型专利权有效。

四、便携可充式喷液瓶专利技术转移转化模式

东莞怡信核心专利"便携可充式喷液瓶"授权于 2008 年 5 月 7 日，专利号为 ZL200720051806.9，专利权人为许贻明、曾永福、王智。该专利是东莞怡信在喷液瓶领域的第一个专利权，也是最核心的专利权，其属于日常生活领域的常用产品，发明构思在于结构的设计，具有实用性强，易于复制的特点。东莞怡信早期经营与磁碟相关的各种制品，随着传统存储媒介的衰落，与磁碟相关各种制品的需求急剧减小，自喷液瓶专利授权以来，东莞怡信将其转化为产品，并在市场上获得了良好的收益，其经营重点也从与磁碟相关的各种制品逐渐集中到喷液瓶产品，因此该专利产品的市场状况直接影响着该企业的生存。

然而，由于该专利产品易于仿制，伴随着该专利权转化成产品后创造

的巨大效益的同时，与该专利产品相同或等同的产品在市场上层出不穷。为确保该专利成功转化，并以此作为主打产品维系企业生存，东莞怡信采用了独立实施该专利的模式，如图3-1-2所示。在不对他人实施专利许可的情况下，主动进行市场调查，在实体商业渠道和网络商业渠道不断发现侵权产品，采用诉讼模式，将侵权产品的制造商、代理商、销售商作为诉讼对象，一一进行维权，为自己的专利技术实施扫清道路。自2012年开始至今专利权人不断发掘侵权产品，从小商品市场（如浙江中国小商品城）、网络平台（如阿里巴巴、淘宝、聚美优品、京东等）等渠道发现侵权产品并通过海关查封、地方知识产权局专利纠纷处理、网络平台通知删除等方式，避免进一步扩大损失。同时通过诉讼方式维权。在维权的过程中，东莞怡信经过了专利无效及专利行政诉讼之路，如图3-1-3所示，常州圣美、余姚市佳华铝塑制品厂法定代表人周尧林、夏六丽针对该实用新型专利向国家知识产权局专利复审委员会提起了多次无效宣告请求。虽然在无效宣告请求的过程中由于专利权人的陈述而使得该实用新型专利的范围进行了限缩，但多次无效宣告请求和专利行政诉讼之后，该实用新型专利权均被维持有效，使其专利权更加稳固，进一步加快了东莞怡信的维权步伐，增强了其维权信心。通过专利侵权民事诉讼、专利无效宣告请求及行政诉讼的过程，使得"便携可充式喷液瓶"技术转化模式更加稳定。

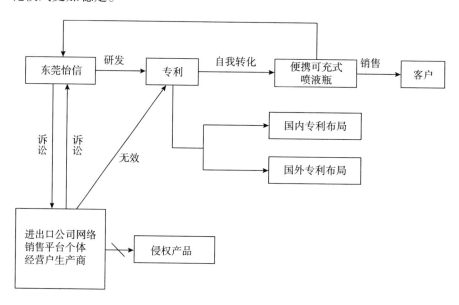

图3-1-2 东莞怡信专利转化基本模式

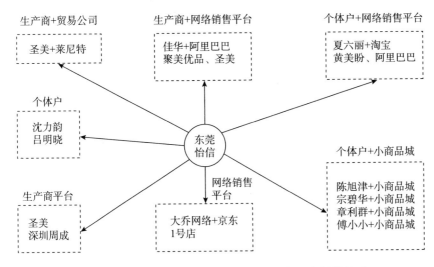

图 3 - 1 - 3　东莞怡信专利转化中专利侵权民事诉讼关系

"便携可充式喷液瓶"技术在国内稳定转化的同时，大大增强了企业的信心，进一步针对该技术在中国大陆以外申请专利 20 余项，分别涉及新西兰、中国香港、美国、墨西哥、加拿大、韩国、澳大利亚、葡萄牙、西班牙、丹麦等多个国家或地区，实现了协同发展，走上了专利转移转化的成功道路。

五、便携可充式喷液瓶诉讼转移转化后的效益情况

便携可充式喷液瓶的专利技术转化成产品后，东莞怡信不断采用诉讼方式维护其专利权，其他生产厂家或被迫停产该产品，或为规避该专利权使得生产成本上升，使得该公司的专利为其产品在市场上获得竞争优势提供了可靠保障。该专利产品顺利进入新西兰、中国香港、美国、墨西哥、加拿大、韩国、澳大利亚、葡萄牙、西班牙、丹麦等多个国家或地区的市场，为该企业带来了巨大的经济效益。以便携式香水瓶为例，销往海外的单价为 29 美元，而该产品成本单价不足 10 元人民币，可见该产品利润十分丰厚，专利保护为提升产品的附加值贡献明显。

六、便携可充式喷液瓶案例亮点

此案例是中小企业自主研发简单实用性技术，并利用诉讼手段为专利成功转化保驾护航的典型案例。该案例具有如下几个特点：

（1）专利技术简单，易于仿制，且效益可观

该案涉及的专利技术方案简单，实用性强。该产品主要用于出口，且海外单价与国内单价差别较大，利润颇丰。该专利产品易于仿制，在企业批量转化专利产品时，市场上很快就大量出现相同或等同的侵权产品。由于侵权产品直接利用专利成果，研发带来的相关费用和风险基本为零，使得侵权产品能以更低价格开展恶性竞争，使得专利产品市场竞争力受到巨大冲击。

（2）企业产品相对单一，采用独家实施的转化模式

自2007年以来喷液瓶成为该企业的主打产品，是企业转型的重要成果。该技术的发展和专利的转移转化成功与否直接影响企业生存，因此企业采用独立实施的方式转化专利产品，未对外实施许可。

（3）主动出击，采用诉讼方式维权，保证产品顺利转化

为了企业的生存和发展，该公司主动出击，通过小商品市场、网络销售平台等途径主动寻找侵权者，并及时取证，利用便捷的模式（如海关查封、地方知识产权机构执法）避免损失扩大，通过专利侵权民事诉讼的方式，制止他人非法实施和销售该专利产品，虽然诉讼标的不高，由诉讼带来的赔偿很小，但诉讼行为却使得企业为该产品的生产、出口销售处于优势地位提供了强有力的保障。面对海外巨大的市场，通过诉讼模式为专利产品的市场拓展提供保驾护航作用十分明显。

（4）趁热打铁，做好专利布局

在经历了专利侵权民事诉讼以及由此引起的无效宣告及专利行政诉讼的过程之后，东莞怡信的专利权变得更加稳固。这使得企业增加了对该专利产品走出去的信心，在海外持续申请专利，进行海外专利布局。

综上，该案例中采用诉讼方式帮助专利产品成功转化的模式，在保护了专利产品得到成功转化的同时，拓展了市场空间，保障了经济效益，进一步增强了企业在该技术上进一步研发的决心，加快了企业进一步转化专利产品的步伐，形成了良性循环。该案例对那些易于被侵权的专利产品的转移转化非常具有借鉴意义，值得推广。

 **案例点评**

该案是围绕核心专利进行产业化的典型案例，呈现出几个特点：
一是保护策略得当。客观来说，该案例中的ZL200720051806.9专利本

身技术方案并不复杂，且围绕该技术方案形成的产品易于仿制，为尽快获得授权，申请人选择申请了实用新型而非发明进行保护，很好地利用了实用新型专利制度的优越性占得先机；此后，陆续提交了包括发明专利（含PCT 申请）、实用新型和外观设计等多种类型的 20 余件相关申请，更为从容地对整个产品进行了全面专利保护。

二是专利质量过硬。从专利 ZL200720051806.9 以权利要求不符合《专利法》第 22 条、第 26 条第 4 款，或《专利法实施细则》第 20 条规定为由被多次提起无效宣告请求，但经过专利复审委员会，甚至多级法院审理，最终仍维持专利权有效的结果来看，此件专利"经得住"检验，为后续切实维护权利人权益打下了坚实基础。

三是运营思路清晰。该案权利人的运营特点可以归纳为四点：①独立实施不许可；②法律维权不手软；③目标合理不盲目；④持续创新不松懈。具体来说，申请人在考虑公司业务转型之时，就对新产品的技术特点和市场定位有着准确的判断和认识，基于"技术简单，易于仿制"的原因选择了通过专利方式进行保护；又基于期望快速获权、迅速占据市场份额的原因选择申请实用新型专利；而权利人本身是生产型企业，具有实施专利权的先天优势，利用自身的渠道、成本优势，通过生产、销售产品获得利润较其他运营方式更为妥帖。基于此，充分用好专利权的排他性成为该案的关键。独家实施有利于独享产品定价权，避免陷入许可后的同行间价格比拼；一系列或大或小的诉讼案，并不以追求高额判赔为目的，仍是服务于打击侵权行为，阻止对手进入市场；持续的专利获权形成了更强的保护实力，确保先发优势地位。整个过程不手软、不盲目、不松懈，多措并举，殊途同归。

当然，抛开案例本身，从更为宏观的视角来看，专利制度本身是一种平衡制度，权利人通过公开智慧成果获得法律保护和经济回报，取得有条件的"相对垄断"；社会公众则通过专利公开获得相关信息，并通过合理、有偿、合法使用专利来享受新的技术成果，两者相辅相成促进科学技术进步和经济社会发展。如若权利人为维护自身权益最大化而不考虑对专利权进行合理许可，毫无疑问会阻碍新技术的应用和流动，与专利制度的宗旨形成冲突，何时引入何种更为灵活的组合方式进行运营，值得继续探讨。

当然，追求平衡则必须学会享受博弈，这也正是专利运营的魅力所在。

2 盐城市好运文具有限公司文具专利标准化运营案例

一、盐城市好运文具有限公司简介

盐城市好运文具有限公司（以下简称"好运公司"）于 1994 年 4 月由何汉中先生创办，主要从事学生文具的研发和制造，主打产品包括防近视笔、署名文具、考试涂卡专用铅笔、考试套装、换芯铅笔、正姿笔、易调课桌、防近视系统等。好运牌考试涂卡笔市场占有率达 80%。

好运公司共有 126 项专利申请，其中发明专利申请 54 件、实用新型 61 件、外观设计 11 件，技术涉及活动钢窗、牙刷、扫地器、考试涂卡铅笔、活动铅笔、文具盒、防近视限位笔、护眼仪、柔性护板、圆规、书包、学生桌椅、护理床、专用纸尿裤等学生文具及老人护理用品，目前专利技术转化 30 多项，考试用笔专利技术写入国家标准《考试用铅笔和涂卡专用笔》（GB/T 26698—2011）。

二、灵活的专利技术标准化运营模式

在运营过程中，好运公司采取了灵活的运作模式，以市场为导向，根据市场需求定位研究目标和研发方向，及时将研究成果固化成专利加以保护，并在市场运作中将专利技术有效转化，推动专利技术写入国家标准，不断开拓业务范围，提升并稳固公司的市场地位。

在好运公司的专利技术运营模式中，如图 3 - 2 - 1 所示，将市场需求获取、立项研发、专利技术固化、写入国家标准、专利产品生产、推向市场等几个环节有机组合，构成了一套完成的"创新研发 + 专利转化"的生产链。

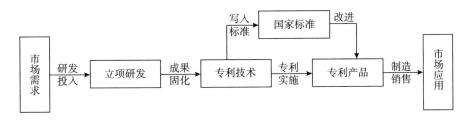

图 3 - 2 - 1　好运公司专利运营模式

好运公司不断跟踪市场动向，捕捉市场需求。在填涂答题卡刚刚兴起的时期，好运公司看到广大考生由于没有专业填涂笔而使得高考填涂速率大大降低，影响考试成绩，及时投资立项，研发出考试涂卡专用的 2B 铅笔。根据市场需求研发出解决问题的方案，是公司运营成功的第一步。

在研发成功之后，好运公司及时将研发成果申请专利加以保护，对于每个方案，好运公司都申请数件专利进行有效保护。例如，针对考试涂卡专用笔有十几项专利申请作为支撑。这为之后专利技术产业化以及市场运作成功提供了保障。同时，好运公司利用技术的领先性以及市场的成功，积极谋求将专利技术写入国家标准，使自身的专利技术得以大力推广，并凭借自身的技术优势和原创优势，确立并稳固公司的市场地位。

2014 年，对应国家标准《考试用铅笔和涂卡专用笔》的专利产品在甘肃、贵州、湖南、湖北、吉林、黑龙江、重庆、江西等十多个省市高考、成人考试、研究生考试中使用，创造经济效益 5000 万元，创利税 800 万元。

三、好运公司专利运营模式的借鉴意义

好运公司的专利技术产品在市场上的大获成功，得益于其有效的以市场为导向的专利运营模式，具体而言，有以下几点可供借鉴：

1. 以市场为导向为公司赢得先发优势

好运公司在市场运作过程中，充分发挥其灵活多变的特点，深入捕捉市场需求，围绕市场需求定位自己的研发方向，将"钱花在刀刃上"，及时推出主打产品，围绕主打产品形成系列产品，并在公司发展过程中，扩大、调整公司业务范围。由此，好运公司总能获得先发优势，在第一时间抢占市场份额。

2. 小创新、微创新为公司储存了充足的能量

研发是企业生存发展所不可或缺的环节，而研发需要投入成本，也有

失败的风险，这种风险对于广大中小企业通常是难以承受的。而好运公司作为一家中小企业，并没有因此对研发望而却步，而是基于市场需求，结合自身条件，不断进行小创新、微创新，有效减少了研发投入成本，规避了研发失败的风险；并通过小创新、微创新，积累了足够的技术储备，为公司的发展储存了充足的能量。

3. 有效的专利保护为公司市场运作成功奠定了基础

好运公司围绕考试涂卡专用笔、近视预防系列产品、多功能护理床等技术方案，共申请近百项专利申请，以此为后盾，对核心产品形成有效的专利保护网，降低了产品上市之后被仿冒、仿制的风险，有效确保了公司在市场的独占地位，为市场运作成功奠定了基础。

4. 将专利技术写入国家标准使公司产品得以广泛推广

在运作过程中，好运公司凭借市场领先优势以及专利技术的有效保护，积极争取将专利技术写入国家标准，使自身的专利技术得以大力推广。例如，公司的考试用笔专利技术 ZL93235647.8、ZL94213096.0、ZL01122931.4、ZL200910138389.5、ZL201120221563.5 被写入国家标准《考试用铅笔和涂卡专用笔》（GB/T 26698—2011）。专利技术写入国家标准，使得公司产品获得了更大的市场份额，有助于稳固公司的市场领先地位。

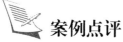 **案例点评**

我国文具行业具有鲜明特点：一是市场巨大，消费者持续购买力强；二是用品多元化，尤其是学生文具市场，更加注重文具的个性化和专业化；三是早已突破了常规的实用属性，已经成为文化创意产业的重要组成部分；四是行业集中度低，自由竞争充分。

该案对好运公司的做法作了全面描述，不难看到其作为文具企业中的一员，通过定向创新、合理保护、借力国家标准实现了良好发展，值得借鉴。

一是企业尊重创新、依赖创新、高效创新。文具本身只是学习办公的基本工具，技术门槛低，提高产品竞争力的关键在于如何在保障基本功能的基础上，提升产品外观、提高用户体验、帮助用户提高工作学习效率。从公司"及时投资立项，研发出考试涂卡专用的2B铅笔"的创新行为中可以看出，企业创新目的非常明确，产品定位十分清晰，以创新为手段，追求创新又不盲目创新，为后续应用打下了好的基础。

二是企业注重保护、合理保护、擅长保护。基于文具基本结构简单、易仿造复制、种类多、翻新快等特点，企业从创业之初起就注重通过专利途径来保护产品，并根据不同的保护目的，充分运用发明、实用新型和外观设计的制度差异和各自优势，在时间上、内容上实现了多层次的保护。此外，积极争取将专利技术写入国家标准，借助国家标准的优势放大专利的影响力，进而提升公司的影响力和形象。

此案更大的意义在于对国内诸多小微企业在创新方面的积极示范。在当前以市场为导向、客户为中心的现代营销中，小微企业创新的目的在于为社会提供更好、更实惠、更受欢迎、更具竞争力的产品，进而通过创新驱动经济社会发展；如同用户需求的逐步提升一样，企业的创新更多应聚焦于小创新、微创新，参与自身能够承受的创新和符合市场当前阶段和下一阶段实际需要的创新，逐步提升创新层次和水平，而非陷入原始创新和宏观创新对资本、资源深度要求的囹圄。此外，创新成果需要捍卫和保护，同时，捍卫和保护需要智慧和方法，既要考虑到行业特点和成本投入，又要研究好时间节点和运营策略，力求实现平衡。

3 哈尔滨东方报警设备开发有限公司无线报警系统专利自实施案例

一、哈尔滨东方报警设备开发有限公司概况

哈尔滨东方报警设备开发有限公司（以下简称"东方报警"）成立于2000年4月，注册资本2000万元，现有员工70余人，是一家专业从事工业用气体检测报警设备研发与生产的专业型企业，产品广泛应用于石油、化工、冶金、制药、环保、军事等诸多领域。

东方报警拥有专利如表3-3-1所示。截至2015年10月，拥有有效专利91件，其中国际专利申请（PCT）1件（专利号为ZL201110256389.2），国外外观设计3件，中国发明专利7件（含子公司1件），实用新型专利65件（含子公司1件）。目前还有两项国际专利申请（PCT）进入国家审查阶段。东方报警公司2012～2014年连续3年专利申请量超过100件，其中发明专利占比约为40%。东方报警通过核心专利"一种工业领域的实时工况无线报警系统"在国际上的布局，尤其是在欧洲、美国、加拿大、墨西哥的申请，为未来专利技术转移转化打下了坚实的基础。

表3-3-1 东方报警授权专利一览表

序号	授权公开号	授权日期	类型
1	CN302121747S	2012-10-10	外观设计
2	CN301529807S	2011-04-27	外观设计
3	CN302266755S	2013-01-02	外观设计
4	CN201836021U	2011-05-18	实用新型
5	CN301351867S	2010-09-22	外观设计
6	CN203596594U	2014-05-14	实用新型

续表

序号	授权公开号	授权日期	类型
7	CN202694524U	2013 – 01 – 23	实用新型
8	CN202840501U	2013 – 03 – 27	实用新型
9	CN202974969U	2013 – 06 – 05	实用新型
10	CN302230854S	2012 – 12 – 12	外观设计
11	CN204241454U	2015 – 04 – 01	实用新型
12	CN204241284U	2015 – 04 – 01	实用新型
13	CN204241451U	2015 – 04 – 01	实用新型
14	CN204241452U	2015 – 04 – 01	实用新型
15	CN102279245B	2014 – 12 – 24	发明
16	CN204695508U	2015 – 10 – 07	实用新型
17	CN204302068U	2015 – 04 – 29	实用新型
18	CN301490998S	2011 – 03 – 23	外观设计
19	CN302229372S	2012 – 12 – 12	外观设计
20	CN302482951S	2013 – 06 – 26	外观设计
21	CN203553826U	2014 – 04 – 16	实用新型
22	CN301384492S	2010 – 11 – 17	外观设计
23	CN203596083U	2014 – 05 – 14	实用新型
24	CN202771770U	2013 – 03 – 06	实用新型
25	CN204352739U	2015 – 05 – 27	实用新型
26	CN204244611U	2015 – 04 – 01	实用新型
27	CN204241458U	2015 – 04 – 01	实用新型
28	CN204241457U	2015 – 04 – 01	实用新型
29	CN204731925U	2015 – 10 – 28	实用新型
30	CN301505806S	2011 – 04 – 06	外观设计
31	CN302232121S	2012 – 12 – 12	外观设计
32	CN301858634S	2012 – 03 – 14	外观设计
33	CN3493617S	2005 – 12 – 21	外观设计
34	CN302413544S	2013 – 04 – 24	外观设计
35	CN203552420U	2014 – 04 – 16	实用新型
36	CN203551542U	2014 – 04 – 16	实用新型
37	CN202840956U	2013 – 03 – 27	实用新型
38	CN102797501B	2015 – 03 – 18	发明

序号	授权公开号	授权日期	类型
39	CN204244610U	2015－04－01	实用新型
40	CN204241456U	2015－04－01	实用新型
41	CN302121748S	2012－10－10	外观设计
42	CN202221615U	2012－05－16	实用新型
43	CN302456266S	2013－06－05	外观设计
44	CN302482989S	2013－06－26	外观设计
45	CN302230855S	2012－12－12	外观设计
46	CN302230857S	2012－12－12	外观设计
47	CN203394723U	2014－01－15	实用新型
48	CN202690136U	2013－01－23	实用新型
49	CN202696239U	2013－01－23	实用新型
50	CN302034826S	2012－08－15	外观设计
51	CN303049119S	2014－12－24	外观设计
52	CN302915962S	2014－08－20	外观设计
53	CN301417216S	2010－12－22	外观设计
54	CN301417217S	2010－12－22	外观设计
55	CN204241496U	2015－04－01	实用新型
56	CN204242350U	2015－04－01	实用新型
57	CN204680161U	2015－09－30	实用新型
58	CN302230826S	2012－12－12	外观设计
59	CN302120300S	2012－10－10	外观设计
60	CN302121750S	2012－10－10	外观设计
61	CN301528099S	2011－04－27	外观设计
62	CN302296478S	2013－01－23	外观设计
63	CN3522223	2006－04－26	外观设计
64	CN302411854S	2013－04－24	外观设计
65	CN203785662U	2014－08－20	实用新型
66	CN203552374U	2014－04－16	实用新型
67	CN202133648U	2012－02－01	实用新型
68	CN102797502B	2015－03－18	发明

续表

序号	授权公开号	授权日期	类型
69	CN202841001U	2013－03－27	实用新型
70	CN301521601S	2011－04－20	外观设计
71	CN301521602S	2011－04－20	外观设计
72	CN302299664S	2013－01－23	外观设计
73	CN301889658S	2012－04－18	外观设计
74	CN300912067S	2009－04－22	外观设计
75	CN201417258Y	2010－03－03	实用新型
76	CN203552418U	2014－04－16	实用新型
77	CN202694514U	2013－01－23	实用新型
78	CN204045449U	2014－12－24	实用新型
79	CN302121749S	2012－10－10	外观设计
80	CN204358316U	2015－05－27	实用新型
81	CN204352669U	2015－05－27	实用新型
82	CN300698308S	2007－10－10	外观设计
83	CN204731226U	2015－10－28	实用新型
84	CN204731944U	2015－10－28	实用新型
85	CN302266752S	2013－01－02	外观设计
86	CN302298163S	2013－01－23	外观设计
87	CN302484960S	2013－06－26	外观设计
88	CN201974422U	2011－09－14	实用新型
89	CN302034513S	2012－08－15	外观设计
90	CN203552419U	2014－04－16	实用新型
91	CN301759136S	2011－12－14	外观设计
92	CN301822833S	2012－02－01	外观设计
93	CN302035083S	2012－08－15	外观设计
94	CN204242354U	2015－04－01	实用新型
95	CN204243670U	2015－04－01	实用新型
96	CN204302261U	2015－04－29	实用新型
97	CN204758279U	2015－11－11	实用新型
98	CN302299663S	2013－01－23	外观设计

序号	授权公开号	授权日期	类型
99	CN302299665S	2013 - 01 - 23	外观设计
100	CN301888603S	2012 - 04 - 18	外观设计
101	CN302307430S	2013 - 01 - 30	外观设计
102	CN302360155S	2013 - 03 - 20	外观设计
103	CN302299678S	2013 - 01 - 23	外观设计
104	CN202024990U	2011 - 11 - 02	实用新型
105	CN201382913Y	2010 - 01 - 13	实用新型
106	CN202694523U	2013 - 01 - 23	实用新型
107	CN301384500S	2010 - 11 - 17	外观设计
108	CN204242352U	2015 - 04 - 01	实用新型
109	CN102841181B	2015 - 07 - 15	发明
110	CN204758587U	2015 - 11 - 11	实用新型
111	CN302121746S	2012 - 10 - 10	外观设计
112	CN302120301S	2012 - 10 - 10	外观设计
113	CN302266820S	2013 - 01 - 02	外观设计
114	CN203552417U	2014 - 04 - 16	实用新型
115	CN203550137U	2014 - 04 - 16	实用新型
116	CN203596089U	2014 - 05 - 14	实用新型
117	CN302587667S	2013 - 09 - 25	外观设计
118	CN204241285U	2015 - 04 - 01	实用新型
119	CN204242353U	2015 - 04 - 01	实用新型
120	CN204241455U	2015 - 04 - 01	实用新型
121	CN204759696U	2015 - 11 - 11	实用新型
122	CN203596092U	2014 - 05 - 14	实用新型
123	CN302230827S	2012 - 12 - 12	外观设计
124	CN204242351U	2015 - 04 - 01	实用新型
125	CN204241471U	2015 - 04 - 01	实用新型
126	CN204731225U	2015 - 10 - 28	实用新型
127	CN302232107S	2012 - 12 - 12	外观设计
128	CN301521596S	2011 - 04 - 20	外观设计

续表

序号	授权公开号	授权日期	类型
129	CN301913169S	2012 – 05 – 16	外观设计
130	CN203396741U	2014 – 01 – 15	实用新型
131	CN302411940S	2013 – 04 – 24	外观设计
132	CN202720733U	2013 – 02 – 06	实用新型
133	CN202694480U	2013 – 01 – 23	实用新型
134	CN202694566U	2013 – 01 – 23	实用新型
135	CN202713238U	2013 – 01 – 30	实用新型
136	CN301384493S	2010 – 11 – 17	外观设计
137	CN202058262U	2011 – 11 – 30	实用新型
138	CN302230858S	2012 – 12 – 12	外观设计
139	CN204241453U	2015 – 04 – 01	实用新型
140	CN302550238S	2013 – 08 – 28	外观设计
141	CN302232120S	2012 – 12 – 12	外观设计
142	CN302266782S	2013 – 01 – 02	外观设计
143	CN301889659S	2012 – 04 – 18	外观设计
144	CN302296476S	2013 – 01 – 23	外观设计
145	CN302296477S	2013 – 01 – 23	外观设计
146	CN3500846	2006 – 01 – 25	外观设计
147	CN102231217B	2013 – 07 – 10	发明
148	CN203552421U	2014 – 04 – 16	实用新型
149	CN203595696U	2014 – 05 – 14	实用新型
150	CN202718709U	2013 – 02 – 06	实用新型
151	CN301719842S	2011 – 11 – 09	外观设计
152	CN102426764B	2013 – 11 – 27	发明
153	CN301464070S	2011 – 02 – 09	外观设计
154	CN302189917S	2012 – 11 – 21	外观设计
155	CN204243107U	2015 – 04 – 01	实用新型
156	CN301822958S	2012 – 02 – 01	外观设计
157	CN204731945U	2015 – 10 – 28	实用新型
158	CN204758574U	2015 – 11 – 11	实用新型

二、无线报警系统专利技术研发背景

工业可燃、有毒气体监管一直是石油、化工、制药和冶炼等行业的重中之重。现阶段一般都是用探测器、报警控制器、控制软件系统通过电缆线直线连接上传的方式来实现监管。如果其中一点发生故障，就极有可能导致报警信息的中断，进入危险现场作业的人员很难及时发现作业现场的危险信息，无法在安全时间内采取措施撤离现场，进而导致发生重大的事故，造成人身和财产的损失。

专利（ZL201110256389.2）"一种工业领域的实时工况无线报警系统"正是针对解决这种缺陷而进行研发设计的。该专利通过无线通信技术与物联网无线传感技术、分布式信息处理技术、数据加密技术与气体检测报警技术的有机结合，实现全区域检测及布控，达到作业现场人员、控制室人员、工厂消防及安全主管部门均能做到在第一时间迅速响应，避免安全事故的蔓延和发生，确保生产安全。

该专利技术的转移转化是物联网技术在气体检测报警领域的首次应用，形成了气体探测和报警预警为一体的"人人联网"和"物物联网"。

三、无线报警系统专利技术自实施过程

东方报警在该项专利技术的研发过程中主要经过了以下四个阶段。

第一阶段：市场需求调研阶段。

售后及营销团队在服务客户的过程中，根据客户意见反馈和反复研讨，认为工业领域一直存在报警不到位的隐患，常有重大爆炸事故发生，造成不可估量的后果，例如近年来的"大连易燃易爆气体爆炸案""天津易燃易爆气体爆炸案"，尤其在二次救援过程中极容易造成更严重的人员伤亡，迫切需要一种实时工况报警系统来防止危害事故的发生。

第二阶段：技术方案框架制定阶段。

根据技术需求报告，知识产权部门负责现有技术的检索并给出检索意见，技术部门结合检索意见制定技术方案，与营销、知识产权保护部门及公司管理层沟通技术方案，各方达成一致后制定最终技术方案。

第三阶段：技术研发阶段及知识产权保护阶段。

首先，知识产权部门检索相关的现有技术，了解了现有实时工况无线

报警系统的情况；其次，在现有技术基础上，如何能够解决想解决的技术问题，通过反复试验，最终确定了产品和需要保护的技术方案——一种工业领域的实时工况无线报警系统。该系统包括发送端和工作人员随身携带的接收端；所述发送端包括：检测当前工况的检测器、对所述检测器送来的开关信号进行处理的发送端处理器、在所述发送端处理器的控制下将报警信号送到所述接收端的无线发射器；所述接收端包括：接收所述报警信号的无线接收器、对所述无线接收器送来的所述报警信号进行处理的接收端处理器、在所述接收端处理器的控制下发出警报的报警器；其中，所述发送端处理器分别与所述检测器、所述无线发射器相连；所述接收端处理器分别与所述无线接收器、所述报警器相连；另外，所述发送端还包括与所述检测器、所述发送端处理器、所述无线发射器分别相连的发送端电源；所述发送端电源包括：一号整流滤波电容、二号整流滤波电容、输出恒定直流电压的发送端恒压源；其中，所述二号整流滤波电容的两端分别连接外部电源和地端；所述发送端恒压源的输入端接外部电源，其输出端作为该发送端电源的输出端；所述一号整流滤波电容的两端分别连接所述发送端恒压源的输出端和地端。最后，技术团队开始编制详尽的技术文档，同时将技术交底书交给知识产权部门，知识产权部门对技术交底书进行归纳总结，与技术部门进行技术交底书的修改工作，确定最终技术交底书方案，然后将技术交底书发给专利代理机构进行专利的编写及申请，中间过程涉及多次代理机构与研发人员的技术沟通。

第四阶段：专利权获得及技术成果转化。

专利权申请与产品研发同时进行。东方报警首先获得实用新型专利授权，发明专利进入实审阶段。产品研发阶段也进入了样机试制阶段通过一年多的努力最终实现产品的量产，实现专利技术的转化落地。

工业领域的实时工况无线报警系统相应的技术效果和核心优势：

（1）该专利中，检测器在检测到危险工况后，可实时向发送端处理器发送开关信号，发送端处理器立即对该开关信号进行处理，并通过无线发射器向工人随身携带的接收端发出报警信号。接收端的无线接收器收到该报警信号后，由接收端处理器对其进行分析处理，从而可立即控制报警器向工人发出警报，该报警过程是自动实时进行的，不经过任何中间媒介的中转，因而反应速度极快。利用该专利技术，可在工作场所内可能发生危险工况的各个位置设置一定数量的发送端，为每位工人都配备一套接收端，这样，就可保证在危险工况发生时能实时向所有工人发出危险工况的警报，保证所有工人的生命安全。

（2）由于成本原因，不可能做到现场工作人员每个人携带一个检测器，因而在将该专利中的发送端置于泄漏源附近后，每个工人随身携带一套接收端的情况下，在有危险工况时即可及时疏散工人，这大大节省了检测器的使用成本。

（3）在该专利中，由于工人随身携带接收端，因而可以防止因工作现场环境嘈杂等因素造成的工人不能及时获得警报信息的情况，大大缩短了最佳逃生反应时间，有效保护了工人的安全。

（4）在现有技术中，对于移动的高空作业机，其下方的人员往往不能及时发现上方的运动物体，利用该专利技术，将接收端置于工人的安全帽上，就可以实时警示工人，防止高空落物造成人身伤害。

四、无线报警系专利技术自实施模式

工业领域的实时工况无线报警系统专利技术是通过企业提供技术交底材料，委托专利代理事务所来完成专利的申请事宜，具体方式如图3-3-1所示。为加强海外市场的保护工作，该专利技术同时申请了PCT专利（PCT专利号：PCT/CN2012/072134），同时进入美国、加拿大、墨西哥的国家阶段，目前墨西哥发明专利已经获得授权，美国和加拿大还在审查中。

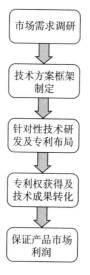

图3-3-1 专利转化自实施基本模式

工业领域的实时工况无线报警系统专利技术采用的是专利技术持有企业自我转化的方式。东方报警作为技术的持有方和转化方，在技术转移上有更大的优势。首先，东方报警掌握最核心的技术要点以及生产工艺，便于产业化，利于落地转化。其次，技术的产生与转化于一体便于专利技术在形成产品转化过中的改进和推向市场，大大提高了专利技术落地转化的效率，同时降低多方技术转移的技术壁垒。

五、案例亮点及收益分析

此案例并不是常规的科研院所将技术向企业转移，而是具有小众代表的企业自主研发，自我转化转移的一种方式，充分体现了当今社会的"大众创业，万众创新"的主旋律。由于采用自我转移转化的方式，大大提高了科技成果向产品的转化速度，同时有效避免在多方转化过程中的技术问题、商业问题等争端。依托企业的科技创新能力，企业自我转化更具有市场活力和竞争力，为后续千千万万个小型科技企业做出一个专利转移转化的典型模式。

工业领域的实时工况无线报警系统专利技术经过自我转化，累计形成RF系列、FSG系列、NANO系列、GAB系列声光报警器及探测器产品共计4大类20余种产品，2012~2015年累计实现产值6000万元，间接带动机械加工行业及电子芯片行业实现产值约1000万元。

 **案例点评**

推动专利技术实施和产业化，是企业转化运用专利技术的重点。东方报警在专利技术转移转化方面的成功案例表明，在企业的专利技术实施和产业化方面，有以下经验值得借鉴推广。

一是紧密结合市场需求开拓创新空间。东方报警的售后及营销团队在服务客户的过程中充分收集客户需求，提炼出工业领域对实时报警的迫切需求，确定了明确的研发方向，避开有线报警系统的传统技术领域，开拓了无线报警系统的创新空间。以市场为导向收集需求，开展针对性的技术创新活动，是专利技术实施后得到市场认可的重要保障。

二是强化专利保护意识完善专利布局。东方报警具有强烈的专利保护意识，在研发阶段技术方案产生时就同步开展专利申请，这是符合专利法保护创新精神的规范做法，也是很多成功运用知识产权的企业的典型做法，值得借鉴。在专利的布局策略上，东方报警紧密结合市场开拓策略注重区域布局。在国内申请专利的基础上，利用优先权制度同时在美国、加拿大和墨西哥等国申请，专利保护和市场开拓同步进行，较好地运用了专利区域布局策略，提升专利技术的价值。在专利申请的时间上和技术方案产生同步，在专利区域布局的国家上和企业的目标市场开拓同步，是东方报警强化专利保护完善专利布局的成功之处。

三是充分实施专利技术促进产品系列创新。一项好的专利技术不仅可以应用在一个产品上，也可以同时应用在一个系列甚至多个系列的产品上。东方报警运用自有的专利技术开发出4大类20余种产品，提供了专利技术实施的典型应用案例。这种做法不仅放大了专利技术的价值效应，也为新产品的增值做出了贡献。

总体来看，企业在推动专利技术实施和产业化过程中毫无疑问会遇到很多困难。东方报警的案例表明，紧密结合市场需求开拓创新空间，强化专利保护完善专利布局，实施专利技术促进产品系统创新是值得借鉴的经验。

4 哈尔滨通能电气股份有限公司密封圈专利自实施及维权案例

一、哈尔滨通能电气股份有限公司概况

哈尔滨通能电气股份有限公司（以下简称"通能公司"）注册在国家级高新技术产业开发区，注册资金 2000 万元人民币，总资产 1.2 亿元人民币，是国家级的高新技术企业。[1]

通能公司成立以来，始终把技术创新放在首位，以解决电力行业重大技术难题为目标，走自主发展的技术创新之路。目前公司拥有专利情况如表 3 - 4 - 1 所示，有效专利共 16 件，其中发明专利 3 件，实用新型专利 13 件。

表 3 - 4 - 1 通能公司授权专利一览表

序号	授权公开号	授权日期	类型	专利权人
1	CN85205383Y	1987 - 08 - 19	实用新型	王常春
2	CN86208659Y	1988 - 04 - 13	实用新型	王常春
3	CN86202254	1988 - 08 - 31	实用新型	王常春
4	CN87300100	1988 - 10 - 25	外观设计	王常春
5	CN87216207Y	1989 - 09 - 27	实用新型	王常春
6	CN88202908Y	1989 - 10 - 04	实用新型	王常春
7	CN88208808Y	1990 - 07 - 18	实用新型	王常春
8	CN90208310Y	1991 - 08 - 28	实用新型	王胜五
9	CN91219863Y	1992 - 11 - 25	实用新型	王胜五

---

[1] 哈尔滨通能电气股份有限公司. [EB/OL]. [2016 - 05 - 30]. http://www.cntnec.com/index.asp.

序号	授权公开号	授权日期	类型	专利权人
10	CN1044640C	1999 – 08 – 11	发明	王胜五
11	CN2363120Y	2000 – 02 – 09	实用新型	王胜五
12	CN2517916Y	2002 – 10 – 23	实用新型	王胜五
13	CN2780997Y	2006 – 05 – 17	实用新型	王胜五
14	CN2814785Y	2006 – 09 – 06	实用新型	王胜五
15	CN1283903C	2006 – 11 – 08	发明	王胜五
16	CN2835717Y	2006 – 11 – 08	实用新型	王胜五
17	CN201159090Y	2008 – 12 – 03	实用新型	王胜五
18	CN201236725Y	2009 – 05 – 13	实用新型	王胜五
19	CN201241731Y	2009 – 05 – 20	实用新型	王胜五
20	CN101539032B	2010 – 12 – 08	发明	王胜五
21	CN201706524U	2011 – 01 – 12	实用新型	王胜五
22	CN202399095U	2012 – 08 – 29	实用新型	通能公司
23	CN102501148B	2015 – 05 – 27	发明	通能公司

用于水轮发电机、火力发电机组等大型旋转机械的产品——TN 系列接触式密封装置，现已拥有 5 件国家授权专利。高效节能产品 TNQ、TNQF 系列接触汽封产品，已获得国家发明专利 2 件，实用新型专利 4 件，并被列为 2008 年第 36 号公告中第一批国家重点节能技术推广目录。公司的专利产品先后荣获"国际发明铜奖""国家发明银牌奖、金牌奖""第八届、第十届中国专利优秀奖""全国科技金奖""中国电力工业部创新奖""黑龙江省科技进步三等奖""哈尔滨名牌产品"等多项荣誉。

公司建立了知识产权管理办公室，下设专职工作人员 1 名，兼职工作人员 3 名，建立专利档案管理，随时跟踪其法律状态，适时缴纳相关费用。在相关部门设立了知识产权联络员，加强与各级知识产权局的交流和沟通，了解国家专利事业发展的新情况、新要求，明确专利工作方向，参加新技术、新产品信息发布会，及时掌握对本行业技术发展情况进行。学习专利法及相关法律，维护企业专利技术的合法权益；如今公司已形成了一套完整的知识产权工作组织体系。

二、接触密封圈专利技术研发背景

通能公司的专利之一"接触密封圈"授权于 2002 年 10 月 23 日，专利号为 ZL02204254.6。这一专利技术是应用于大型旋转机械防止介质泄漏的一个机械部件，目前广泛应用于水轮发电机组和火力发电机组，已开发出一系列产品：发电机 TNY 系列接触式油挡、轴承箱 TNYX 系列接触式油挡、TNSW 系列双水内冷发电机回水盒接触式水挡、TNYL 立式循环泵系列接触式油挡、TNYGX 系列小汽机接触式油挡，应用于全国 230 余家水力发电厂和火力发电厂。

"接触式"密封技术取代了传统的"梳齿式""迷宫式"等技术，成为密封行业的换代产品。2003 年，TN 接触式密封盖产品由国家科技部立项为国家火炬计划产品。2004 年，TNYN – 200 型接触式密封盖产品由国家科技部、国家商务部、国家质检总局和国家环保总局联合立项为国家重点新产品。

发电机组的轴瓦均采用润滑油进行润滑，而润滑方式又多为压力加油润滑，为保证润滑油不外泄，在机组的传统设计中采用密封齿进行油密封。常规密封齿结构为"迷宫梳齿式"密封，梳齿材料多为铜齿或铝齿。为防止梳齿磨损轴径，在设计和安装时，梳齿与转轴必须留有间隙，间隙大小为 0.15 ~ 0.30mm（单边），所以在实际运行中会出现润滑油沿轴面向密封齿外大量漏油问题。

传统密封油系统向发电机窜油的原因主要有二：一是发电机密封结构问题；二是压差阀跟踪性能差，灵敏度低。从发电机密封结构上看，阻挡发电机密封瓦氢侧回油的装置，第一道防线是机内密封挡油齿，和轴的间隙一般保持在 0.15 ~ 0.50mm；第二道防线是机内密封油封齿的里面装一副具有 3 道梳齿组的内挡油装置，和轴的间隙一般保持在 0.15 ~ 1.00mm。由于发电机冷却介质氢气是通过发电机两端风扇压入发电机内部的，这必然使密封瓦氢侧和这两道防线之间形成负压区，再加上油压大于氢压，势必造成氢侧回油通过两道防线与轴保持的间隙窜入发电机内部，因此，这是造成向发电机内部漏油的最主要原因，不消除这种间隙，要根除漏油是不可能的。

水轮发电机组上机架轴承室润滑油外泄后沿轴向下流入发电机定子、转子线圈，造成发电机线圈绝缘快速老化，绝缘性能下降，极易造成线圈对地短路，击穿放炮，由此导致事故停机，其直接经济损失可达几千万元，影响发电所造成的间接损失更是难以估算。下机架轴承室润滑油外泄后沿轴径向下流入下水道中，直接污染水库流出的水源，造成严重的水质污染，破坏环保，污染水资源。

火力发电厂的汽轮发电机为卧式机组，以 200MW 发电机为例，有 11 个瓦 21 个密封，而大型发电机采用氢气为介质进行冷却，以压力润滑油对氢气进行密封，发电机内又有两个冷却风扇以 3000 转/min 的转速向机内打风，所以发电机铜齿结构的内部密封无法阻挡密封油，造成大量密封油向发电机内泄漏，严重污染发电机线圈，导致绝缘老化。仅河南省在 1992～1998 年，由于漏油造成六台 200MW 发电机线圈短路放炮，总修复费用需 12000 余万元。而维修期间，损失发电量 12600 万元，由于限电、停电对国民经济生产造成的损失，更是无法计算❶。

接触密封圈采用的"接触式"技术明显区别于以往古老的"迷宫式""梳齿式""填充式"密封。上述三种密封均为密封齿与需要密封的主轴或辅轴间留有一定的间隙，以防止引起轴温升高、摩擦主轴、引起主轴在高速运行时的振动，破坏整个机组的动静平衡。接触密封圈专利技术采用的"接触式"密封的前提条件是与转轴接触，来设计一个完整的力学链，其他的一切功能及特点设计均不得超过这一力学链所设定的合理范围，它包含了动静结合处真实运行工况下可能需要的所有功能，使密封齿和转轴直接接触以保证密封齿和转轴的零间隙运行，充分发挥真正的密封效果和作用。

三、通能公司"接触密封圈"专利自实施及维权过程

接触密封圈专利技术的研发过程主要经过了以下两个阶段。

第一阶段：先期个人研发专利技术阶段；1979 年，王常春开始对异步电动机鼠笼转子防止断条专利技术的研究。当时这项技术是国内外公认的难题。进行理论研究后，在没有资金、没有人员、没有固定场所情况下，面临着如何使专利技术进行转化转移的难题。经过几年深入全国水力发电厂和火力发电厂宣传其技术，终于得到了相关企业的重视，最终通过企业出资，王常春出专利技术，使专利技术进行了转化转移。在成功掘到第一桶金后，王常春在 1992 年 10 月创办了哈尔滨通能电气股份有限公司，并顺利对接触密封圈专利技术进行了转化转移。

第二阶段：接触密封圈专利技术转移转化过程中的无效宣告与诉讼过

---

❶ 白璐. 通能电气：从中国制造到中国创造 [EB/OL]. (2012-08-28) [2016-05-30]. http://www. cbt. com. cn/article-7852-1. html.

程；某机电公司以该实用新型专利不具备《专利法》第 22 条第 3 款所规定的创造性为由，以公知技术作为抗辩证据，向专利复审委员会提出无效宣告请求。经过合议组审理后，2005 年 8 月 16 日，专利复审委员会向双方发出第 7420 号无效宣告请求审查决定书，决定要点：如实用新型的技术方案与已有技术具有区别，同时该区别具有积极的技术效果，则该实用新型专利具备创造性。决定维持接触密封圈专利权有效。

2005 年 9 月 8 日，该机电公司在搜集新的材料后，又向专利复审委员会提出该专利没有新颖性和创造性的无效宣告请求。2006 年 8 月 18 日，专利复审委员会向双方发出第 8637 号无效宣告请求审查决定书，决定要点：若一项权利要求所限定的技术方案与现有技术相比具有区别技术特征，并且现有技术中没有给出采用这些区别技术特征的技术启示，同时这些区别技术特征能够为该项权利要求所限定的技术方案带来有益的技术效果，则该权利要求具备创造性。决定维持该专利权有效。

该机电公司不服专利复审委员会第 8637 号无效宣告请求决定，随后向北京市第一中级人民法院起诉。2006 年 11 月 16 日，北京市第一中级人民法院依法公开开庭进行了审理，2006 年 12 月 7 日，北京市第一中级人民法院行政判决书（2006）一中行初字第 1213 号判决：专利复审委员会出具的第 8637 号决定书认定事实清楚，程序合法，适用法律正确，本院应予维持。维持国家知识产权局专利复审委员会于 2006 年 8 月 18 日作出的第 8637 号专利无效宣告请求审查决定。

此后，该机电公司又向北京市高级人民法院提起上诉，请求北京市高级人民法院撤销一审判决及被诉决定。

经过北京市高级人民法院开庭审理，在充分了解事实的基础上，北京市高级人民法院在（2007）高行终字第 30 号判决书中认定如下：经审查，本院认为专利复审委员会提交的证据材料与本案有关联，内容真实、合法，能够证明相关事实，予以确认驳回上诉，维持一审判决。本判决为终审判决。

在行政诉讼中，专利复审委员会对接触密封圈的判定得到司法的最终确认。

在经过无效宣告、行政诉讼后，哈尔滨市中级人民法院（以下简称"市中院"）继续开庭审理了接触密封圈专利权人通能公司诉哈尔滨某机电公司侵犯其专利权一案，经过合议庭的审理，市中院出具的（2004）哈民五初字第 75 号民事判决书认为：接触密封圈实用新型专利权有效。某机电公司未经原告专利权人许可，在生产中擅自实施原告的专利技术，已构成专利侵权，应立即停止侵权，并赔偿原告的经济损失，同时判定某机电公司立即停止侵犯 ZL02204254.7 实用新型专利权的行为，根据该案中某机电公司实施专利侵权的时间长、地域广、数据量大等情节，赔偿原告 20 万元，在本判决生效之日起 10 日内付清，负担案件诉讼费。

某机电公司不服该判决，提起上诉，黑龙江省高级人民法院于 2005 年 12 月 19 日第一次公开开庭审理，因专利复审委员会受理了某机电公司对涉案专利权的无效宣告申请，于 2006 年 1 月 18 日裁定本案中止诉讼，后于 2008 年 7 月 28 日恢复审理并第二次组织庭审，其后，因又发生某机电公司法人变更等诸多事宜，本案再次中止诉讼，后于 2010 年 3 月恢复审理。2012 年 10 月 17 日，黑龙江省高级人民法院第三次公开开庭审理并正式审理终结，出具了（2005）黑知终字第 48 号民事判决书：原审判决认定事实清楚，适用法律正确，依照《民事诉讼法》第 170 条第 1 款第（1）项的规定，判决如下：驳回上诉，维持原判。

至此，"接触密封圈"经过了诉讼及法律审验的洗礼，新颖性和创造性更加稳固。

四、通能公司"接触密封圈"专利自实施及维权模式

通能公司核心专利"接触密封圈"授权于 2002 年 10 月 23 日，专利号为 ZL02204254.6，专利权人王胜五。这一专利技术是应用于大型旋转机械，防止介质泄漏的一个机械部件，已开发出一系列产品，并广泛应用于全国 230 余家水力发电厂和火力发电厂。"接触式"密封技术取代传统的"梳齿式""迷宫式"等技术，成为密封行业的换代产品伴随接触密封圈转移转化成产品后创造的社会价值和巨大利益的同时，相同或等同的产品纷纷出现。从 2004 年初，"接触密封圈"专利权人通能公司向哈尔滨市中级人民法院提起诉讼，诉哈尔滨某机电公司侵犯其专利权。被告针对接触密封圈专利提起了无效宣告请求程序，认为该专利的权利要求与对比文件进行对比不具创造性。从专利侵权诉讼到民事诉讼的过程，是接触密封圈专利技术转移转化模式过程中的必经之路。经过这个检验过程，该专利权维持有效，使其转移转化模式更加稳定和紧固。转移转化中专利侵权诉讼到民事诉讼模式如图 3-4-1 所示。

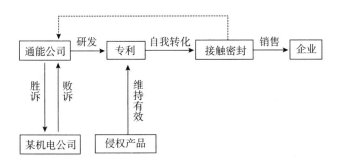

图 3 - 4 - 1　通能公司转移转化中专利侵权诉讼到民事诉讼关系

五、案例亮点及收益分析

此案例是具有小众代表的个人自主研发、自我转化转移的一种方式，充分体现了当今社会的"大众创业，万众创新"的主旋律，由个人通过专利技术入股开始，其他生产企业资本入股进行转移转化的方式，大大提高了科技成果向产品的转化速度。在转化转移站稳脚时，专利发明人在进行规模化转化转移过程中遇到相同或等同的产品的侵权，为维护自身专利权益，进行了一系列的专利诉讼以及民事诉讼，通过法律的武器对专利转化转移过程进行保驾护航。对于其他新兴企业专利转化转移过程出现的侵权问题，该案例是一个典型的、非常好的借鉴。

接触密封圈的专利技术转移转化成产品后，在密封行业中异军突起，并迅速占领市场。在水力发电行业，我国总装机容量超 1000MW 的水电站共 23 家，接触密封圈专利产品，已在其中 19 家电站安全运行，用户评价其性能卓越，安全可靠；在火力发电行业，设计施工能力覆盖了 200MW、300MW、600MW 和超超临界机组，并随着发电机组整机配套出口到东南亚国家。

2005 年 8 月，因接触密封圈的优异性能和同行业的赞誉，中国长江电力股份有限公司在经过实地考察后成为它的又一买家，这也标志着我国自主知识产权的接触密封圈专利产品成功应用于我国最大的水利枢纽工程——三峡电力，随后，三峡电力共计 15 台机组安装了这一产品，合同总值共计 220 万元。

 **案例点评**

该案例是技术成果专利化、专利产业化的典型案例，尽管该案例已经过去十几年，其中的"明星"专利——ZL02204254.6实用新型专利已因超过最长保护期限而权利终止，但该案中涉及技术研发、成果运用和专利保护等一系列行动至今仍能给读者带来不少启示。

一是创新者创新目的明确，应用性强，转化基础扎实。其主要目标就是解决困扰发电企业的"密封油系统向发电机窜油"的技术问题，并给出了不同于以往"梳齿式"或"迷宫式"密封技术的接触式密封装置。该产品的目标用途就是全国数量庞大的水轮发电机和火力发电机组，这些企业本身投资巨大，对生产安全性有着很高的要求，可以说，这一创新成果很好地解了企业之渴，所以深受欢迎。

二是权利人专利保护意识强，对创新成果保护方式得当。可以看到，王常春老先生第一件获权专利是CN85205383Y实用新型专利，授权日期为1987年8月19日；其后的整个90年代，权利人一直坚持通过专利进行保护。二十多年前，具有如此前瞻性的发明人凤毛麟角，王胜五先生将这一优良传统进行了延续，为后续企业运用技术提供了保障，确保了优势。

三是商业模式的先进性。此处仍不得不强调眼光的历史回归，与今天"大众创新、万众创业"的环境氛围，资本市场与创新市场繁荣互动不同，通能公司的成立时间是在距今23年前的1992年，在那样的时代条件下，个人发明人以无形资产作价入股，引入投资实现专利产业化，不可谓不先进。

四是敢于维权，勇于亮剑，为企业持续发展提供了新动力。通能公司在发现专利被侵权之后，果断地采取了诉讼维权策略。从2004年向哈尔滨市中级人民法院提起侵权诉讼开始，到2012年黑龙江省高级人民法院第三次公开开庭审理并正式审理终结，驳回上诉，维持原判为止，耗时八年，难免牵扯了通能公司一定精力，但专利经住了考验，公司经历了洗礼，反而变得更为稳定，更有活力。

理论知识相对稳定，实际应用各有不同，如何审时度势，因地制宜，如何根据企业内外部的实际情况，设计组合、优化搭配、灵活运用更适合的运营模式，是该案留给我们学习和思考的启示。

5 即时通讯类个人专利权转移案例

一、专利技术转移实施主体概况

赵建文于 2005 年萌发微信创意：一个可以用手机号码注册，导入通讯录，并免费发送短信的手机通讯软件。2006 年 9 月 28 日，赵建文向国家知识产权局提交发明专利申请"一种基于或囊括手机电话本的即时通讯方法和系统"，发明专利申请号为 CN200610116632. X。2007 年，赵建文带领团队完成手机即时通讯产品，取名为"凯聊"（后来改名为 Caca）。2008年 4 月 2 日，该发明专利申请被公开。2008 年金融危机，赵建文"凯聊"融资未能成功。2011 年 5 月 18 日，该发明专利申请被国家知识产权局授权。❶

2010 年 11 月 20 日，腾讯科技（深圳）有限公司（以下简称"腾讯"）的微信正式立项，由张小龙负责。2011 年 1 月 21 日，微信发布针对iPhone 手机用户的 1.0 测试版。该版本手机支持通过 QQ 来导入现有的联系人资料，但仅有即时通讯、分享照片和更换头像等简单功能。在随后1.1 版、1.2 版和 1.3 版 3 个测试版中，微信逐渐增加了对手机通讯录的读取、与腾讯微博私信的互通以及多人会话功能的支持。2011 年 10 月 1 日，微信发布 3.0 版本，该版本加入了"摇一摇"和漂流瓶功能，增加了对繁体中文语言界面的支持，并增加中国香港、中国澳门、中国台湾、美国、日本五个地区的用户绑定手机号。截至 2015 年 5 月，根据腾讯业绩报告统计显示，微信作为一个充满创新功能的手机应用，覆盖了 90% 以上的智能手机。

---

❶ 丁艳华. 微信基础技术发明者：专利已转让曾找小米雷军［EB/OL］.［2016 – 05 – 30］. http：//www. chinaz. com/news/2014/0319/344002. shtml.

二、即时通讯类个人专利权转移背景

2009 年是移动端即时通讯产品发布元年。2009 年 9 月，WhatsApp 上线。2010 年 10 月底，Kik 作为一款手机即时通讯软件面世，并在 15 天内用户量突破 100 万。2010 年 12 月 10 日，小米科技推出支持跨手机操作系统平台的米聊 Android 版，2010 年 12 月 23 日发布 iOS 版。2011 年 1 月 21 日，腾讯微信发布针对 iPhone 用户的 1.0 测试版。该版本支持通过 QQ 来导入现有的联系人资料，但仅有即时通讯、分享照片和更换头像等简单功能。2011 年 8 月 4 日，陌陌 iOS 版正式上线。2011 年 6 月，韩国互联网集团 NHN 的日本子公司 NHN Japan 推出 LINE。从 2009 年到 2011 年底，不到 3 年的时间，目前世界上主要的即时通讯产品均先后在市场上取得了不同程度的成功。

随着市场的不断成熟，竞争日趋激烈，知识产权将成为各大巨头竞争的主要武器。在这样的大环境下，各大公司均在加强相关产品的知识产权布局。例如，截至 2014 年 4 月，NHN 已布局与 LINE 产品相关的专利 79 项，WhatsApp 申请了一项核心专利，被 Facebook 收购后得到了 1607 项相关领域的专利支撑。

通过多种方式加强专利布局，降低知识产权侵权风险成为各大即时通讯公司面临的重要挑战。2014 年 2 月 20 日，移动通讯服务（即时通讯软件）WhatsApp 被社交网络 Facebook 以大约 190 亿美元的价格收购。该收购事件再次证明了即时通讯产品市场的巨大价值。巨大的市场价值也鼓励了专利权人维权的信心，各大巨头们面临的专利侵权诉讼也将如影随形。例如，2014 年 4 月，腾讯微信遭遇侵权诉讼，创博亚太科技有限公司状告腾讯微信产品侵害了自己公司的发明专利权。在这样的形势下，通过加强公司自身的专利申请布局，或者采用并购公司、购买专利、获得许可等方式都将成为各大公司的备选方案。

三、即时通讯类个人专利权转移过程

2005 年，赵建文萌发即时通讯的创意，2006 年 9 月 28 日提交发明专利申请"一种基于或囊括手机电话本的即时通讯方法和系统"。2007 年完成了手机即时通讯产品，取名为"凯聊"（后来改名为 Caca）。2008 年 4

月 2 日，该发明专利申请被国家知识产权局依法公开。2008 年，赵建文进一步完善了产品。

尽管经过了不懈努力，赵建文创业并未取得预期成功，再次转身进入职场。2011 年 5 月 18 日，赵建文的发明专利申请"一种基于或囊括手机电话本的即时通讯方法和系统"被国家知识产权局授权。经过咨询，赵建文在权衡了诉讼收益和转让收益后，开始考虑转让发明专利权。赵建文的专利主要包括五个方面的技术内容：①注册过程通过短信验证码进行，或后端直接发送短信验证码到服务器端；②通过通讯录进行好友（熟人）匹配/推荐；③展示好友状态（WhatsApp 已使用"状态"）；④基于 2.5G 以上的 IP消息发送并有多媒体消息扩展性；⑤可以设置和分享个性的信息，包括昵称、签名和个人主页（类似朋友圈）。从后来的即时通讯产品看，该专利具有一定的价值。

赵建文初步选定的买家有国外的 WhatsApp 和国内的小米等较为知名的即时通讯产品公司。在接触无果后，腾讯表现出强烈的收购意向。经过双方协商，达成收购共识。2012 年 2 月 24 日，赵建文的发明专利"一种基于或囊括手机电话本的即时通讯方法和系统"专利权转移给腾讯。至此，赵建文拥有的专利权成功实现有偿转移。

四、即时通讯类个人专利权转移模式

该案例中，赵建文个人专利的转移过程可谓是一波三折。如图 3 - 5 - 1所示，第一阶段可谓是专利的创业之旅，申请专利是赵建文为创业做的重要准备之一。此时，赵建文利用专利申请厘清了原始技术方案并奠定了产品开发的基础。在创业阶段，专利不仅是为了保护自己的产品，还可以用来质押融资、招募风投、专利许可等，这些都是赵建文的可选经营策略。最终，赵建文选择了招募风投这条发展道路。但是，由于发明专利申请固有的审查周期，未能快速拿到专利授权，这也影响了风投对创业计划的价值判断。

第二阶段可谓是专利的维权之旅。2011 年 5 月 18 日，赵建文的发明专利申请"一种基于或囊括手机电话本的即时通讯方法和系统"被国家知识产权局授权。此时，赵建文结束创业再次进入职场。为了维护自己的专利权，赵建文可以选择发起专利维权诉讼、专利许可、专利权转让、组建专利池/联盟等。无论采取上述任何一种方式，配以相应的资源投入，都有可能获得较大的收益。经过综合考量，赵建文选择了专利权转让这一途径。

第三阶段可谓是专利权的价值实现之旅。根据赵建文所面临的内部、外部环境，赵建文选择了转移专利权。在赵建文决定转移专利权时，即时通讯市场已可预期必然会迎来大发展。在赵建文拥有对自己的专利权的价值预期后，赵建文圈定了潜在的买家。它们包括国内的小米、奇虎360和国外的WhatsApp。最终，微信产品发展迅速的腾讯伸出橄榄枝。从整个交易的时间上看，该专利2011年5月拿到专利授权，2012年2月完成专利权转移登记。除去和其他潜在买家的沟通时间，据此推测赵建文仅仅用了约3个月的时间敲定和腾讯的专利权转移事宜❶。

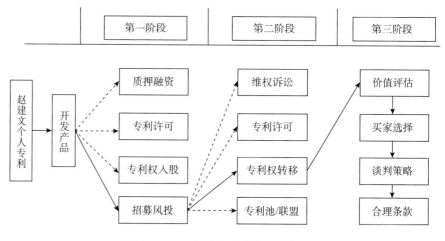

图3-5-1 赵建文个人专利运营路径

在个人专利运用方面，该案例具有典型意义。根据专利实施对象的不同，总结了个人专利运用的常见模式，如图3-5-2所示。一种是个人专利自主实施，另一种是交给第三方实施。可以看出无论是自主实施还是第三方实施，都可以将获得授权的专利用来开发产品、维权诉讼、质押融资、专利许可、专利权入股、招募风投、构建专利池/联盟或者成为标准必要专利。当然，上面列举的这些途径只是目前较为典型的方式，并未完全涵盖所有的专利实施方式。当个人专利准备委托第三方实施时，建议寻求中介机构的帮助，例如各类技术交易平台和专利运营机构。根据实际情况可以发现，由于信息不对称以及个人资源的局限性，导致个

---

❶ 徐辉. 微信原创者赵建文：我错过的190亿美元 [EB/OL]. [2016-05-30]. http://finance. sina. com. cn/leadership/crz/20140509/132119057143. shtml.

人专利委托第三方实施变得困难重重。技术交易平台和专利运营机构具有信息完备、操作规范、经验丰富的特点，可以弥补个人在这方面的不足。

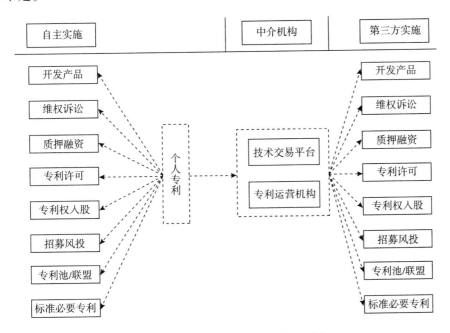

图 3-5-2　个人专利运营的常见模式

五、即时通讯类个人专利技术转移后效益情况

腾讯对赵建文的个人专利的收购解除了微信产品一个可能潜在的专利侵权风险，为微信产品顺利拓展市场发挥了一定作用。很显然，收购赵建文专利也促使腾讯加快了微信产品相关的专利布局。自 2012 年 3 月起至 2015 年 3 月，腾讯向国家知识产权局提交了 59 项与微信产品密切相关的专利申请。腾讯通过持续的专利布局进一步加强了微信产品的知识产权保护体系。事实上，自 2012 年 3 月以来，微信产品已逐步成为腾讯的拳头产品。以 2015 年第一季度末腾讯业绩报告为例，根据该报告统计显示，微信已不单单是一个充满创新功能的手机应用。它已成为中国电子革命的代表。覆盖 90% 以上的智能手机，并成为人们生活中不可或缺的日常使用工具。微信每月活跃用户已达到 5.49 亿，用户覆盖 200 多个国家、超过 20 种语言。

此外，各品牌的微信公众账号总数已经超过 800 万个，移动应用对接数量超过 85000 个，微信支付用户则达到了 4 亿左右。微信用户的男女比例为 1.8∶1，男性用户约占了 64.3%，而女性用户则只有 35.7%，用户整体以男性为主。在职业方面，企业职员、自由职业者、学生、事业单位员工这四类占据了 80% 的用户，此外，80% 的中国高资产净值人群在使用微信。微信作为中国微信用户强大的社交工具，接近一半活跃用户拥有超过 100 位微信好友。57.3% 的用户通过微信认识了新的朋友，或联系上多年未联系的老朋友。54% 的用户认为使用微信后，移动流量的用量增加了。40% 的用户微信流量使用占到全部流量 30% 以上。微信成为近 30% 用户手机上网使用流量最多的应用。用户在微信上使用的流量占所有应用中的最高，远高于微博、购物、视频、地图、邮件等服务。微信直接带动的消费支出中，娱乐占了 53.6%、公众平台占了 20.%、购物占了 13.2%、出行占了 11.3%、餐饮只有 2%。据统计，微信直接带动的生活消费规模已达到 110 亿元，其中娱乐消费支出最多，规模为 58.91 亿元。另外在微信打车用户中，每月消费 100 元左右的用户比例达到 34.3%。微信支付和钱包功能通过新年红包等交互活动获得了用户的广泛欢迎。在关注比例方面，29.1% 的用户关注了自媒体、25.4% 的用户关注了认证媒体、20.7% 的用户没有关注任何公众号、18.9% 的用户关注了企业商家、而 5.9% 的用户则关注了营销推广类账号。

可以说，公众号是微信的主要服务之一，近 80% 用户关注微信公众号。企业和媒体的公众账号是用户主要关注的对象，比例高达 73.4%。在微信公众号用途方面，用户关注公众号主要目的是获取资讯（41.1%），其次是方便生活的（36.9%）和学习知识（13.7%）。微信公众号的消费比例方面，公众平台账号服务收费偏向于低单价模式，42.1% 的用户每月消费低于 10 元。❶

通过上述数据可以看出，微信产品在市场方面获得成功的趋势十分明显，为腾讯带来了可观的经济效益和社会效益。

六、案例亮点

该案例中，赵建文成功向腾讯转移个人专利权具有较为典型的意义。

---

❶ 腾讯控股有限公司. 腾讯公布 2015 年第一季度业绩［EB/OL］.［2016 - 05 - 30］. http：//www. tencent. com/zh - cn/content/at/2015/attachments/20150513. pdf.

主要体现在以下几个方面：

一是个人专利向大公司转让的典型案例。在移动通信领域，技术创新迭代速度快，在世界范围不乏大公司购买小公司专利的案例，但是购买个人专利的情况尚不多见。在大众创新万众创业的时代，如何做好自己的知识产权保护并关注知识产权等无形资产的价值，该案对个人创业者来说具有重要借鉴意义。

二是个人专利保护意识较强，为后来的成功收益奠定了基础。赵建文从萌发创意到申请专利，申请专利是在产品出来之前，这是符合专利申请规律的，因此熟悉专利保护规律并熟练运用专利申请规则对个人发明创造者来说非常重要。

三是重视专利保护质量。赵建文个人专利申请中，权利要求完整覆盖了技术创意，说明书多达40页，较好地保护了技术方案。这说明，在专利申请过程中，赵建文高度重视专利申请质量，和专利代理人有过充分的沟通，完整地表达了自己的技术方案，这一点值得个人创业者学习。

四是充分评估专利转移环境，合理定价并确定买家。从公开报道看，赵建文在选择转移专利权时，不仅了解了专利侵权赔偿规则，也知晓专利被无效的风险，为自己的专利合理定价做了一定的准备工作。在选择买家时，也锁定了在市场上获得成功的几家大公司，这是符合专利转移基本规律的。面对购买意向强烈的腾讯时，赵建文在全面综合考虑后也迅速做出了决定。虽然这件专利的转移价格保密，但根据公开的信息推测，交易时间很短，赵建文完成专利权转移后，不仅还清了债务，还选择上MBA，周围的朋友也为他高兴，腾讯开出专利权转移的价格应该突破了赵建文的心理价位，估计在100万元左右。这些经验都值得个人在转移专利权时借鉴。

案例点评

赵建文先生作为CN200610116632.X发明专利的发明人，曾被媒体打上"微信基础技术发明人""类微信产品开发者""微信原创者"等多个标签，这件名称为"一种基于或囊括手机电话本的即时通讯方法和系统"的专利也因其涉及的技术、转让的对象和背后的故事作为明星专利被圈内人士广泛知晓，时至今日，此案仍具有不小的启示意义。

　　首先是创新成果保护与专利的关系值得再审视。毋庸置疑，专利制度是一种优越的保护制度，权利人通过法律途径被恰当而正义地赋予了限定地域和限定时间内的独占权利；而其代价就是权利人（申请人）必须公开其发明内容（当然，在发明专利制度中，还存在公布后未能获得授权的风险）。在技术密集型行业中，技术更迭频繁，一方面，创意不经意间被披露可能造成创新者在行业中领先地位的丧失；另一方面，较长的审查周期和不确定的审查结论所造成的结果也可能与申请人的初衷南辕北辙。在什么时间、选择什么样的方式保护创新成果，应是所有创新者根据实际情况深思慎行的问题。

　　其次是专利运营与成果转化的关系值得再厘清。看待此案，不能仅用时代的眼光，而应回归到若干年前，用历史的眼光进行评价。一方面，创新成果有多种展示形式，其中之一就是专利申请；另一方面，好的创新成果并非必须申请专利。引申到成果转化上，充其量只能说专利运营是成果转化的一个方面。该案在申请后授权前这一阶段，由于专利权尚未形成，评估结果难被认可。文章中提到的"质押融资和专利许可"行为在当时的环境中或是缺乏目标，或是缺乏基础，申请人本身操作空间十分有限；而在招募风投中，风投更为看重的是技术、团队、未来市场和预期收益，当经济不景气，项目团队的融资态度与投资人的投资偏好不统一时，遗憾局面在所难免。

　　再次是专利运营的愿望与实际之间差异的原因值得再研究。包括维权诉讼、质押融资、专利许可、专利转让等在内的常见的运营行为都需要良好的运营氛围和法律环境作支撑，高成本低判赔的诉讼案屡见不鲜、纯知识产权质押融资风险极大、友好接受有偿许可十分困难、专利交易价格低廉。专利有效运营需要法律、政策、资本、模式和专利质量本身的多维有益互动才能形成。随着国家对于专利保护强度的加大，专利运营环境有望得到改善。

　　需要看清的是，微信在短短几年之内形成的巨大影响绝不仅仅是因为使用了个别新技术，更多原因是腾讯多年以来多款产品培养出的用户黏度、渠道市场、品牌优势、资本实力和持续的创新能力，这些因素的综合作用，保障了腾讯在嫁接新技术、服务新生态、提供新产品时的能力和效率。

　　最后，客观地说，如果专利权人坚持创业或者坚持诉讼维权，未必能够如愿。纵观整个案例，专利实际上实现了在发明人和最终用户之间的良性流动，让两者各取所需，实现了共赢。

专利运营机构篇

1 中国技术交易所 EIT 专利技术产业化案例

2 知识产权出版社细胞免疫专利"产业 +"转化案例

3 美国高智投资有限责任公司专利运营案例

4 金大米项目专利合作联盟运营案例

5 第四代移动通信专利池许可案例

篇 首 语

2014 年 10 月 28 日，国务院发布《国务院关于加快科技服务业发展的若干意见》（以下简称《意见》），《意见》提出要大力扶持科技服务业，到 2020 年，基本形成覆盖科技创新全链条的科技服务体系，培育一批拥有知名品牌的科技服务机构和龙头企业。在技术转移服务方面，鼓励技术转移机构创新服务模式，为企业提供跨领域、跨区域、全过程的技术转移集成服务，促进科技成果加速转移转化。在发展知识产权服务方面，以科技创新需求为导向，提升知识产权分析评议、运营实施、评估交易、保护维权、投融资等服务水平，构建全链条的知识产权服务体系。

如果把专利转移转化的整个过程看作一次完整的生命历程，那么，作为科技服务业重要组成部分的技术转移与知识产权服务机构则承担了为生命体构建"骨骼"和输送"血液"的使命，成为经营专利资产并充分激发其市场价值的关键要素。

近年来随着技术转移与知识产权服务机构的飞速发展，专利转移转化的创新模式不断涌现，越来越多的专业服务机构正在以其专业判断能力、产业整合能力、市场分析能力及综合运作能力创造了一个又一个经典的专利转移转化案例。

本部分选取了 5 家不同类型的专业服务机构的案例，这 5 家机构分别以技术交易平台、运营投资机构、非专利实体、公益性专利池等组织形式，通过专利技术一站式产业化模式、专利投资入股、专利池管理与运营等方式成功实现了专利价值的市场化挖掘，希望给读者带来启发和借鉴。

1 中国技术交易所 EIT 专利技术产业化案例

一、中国技术交易所概况

中国技术交易所（以下简称"中技所"）于 2009 年 8 月 8 日经国务院批准设立，由科技部、国家知识产权局、中国科学院和北京市人民政府联合共建。根据北京市政府和相关部委对中技所功能定位要求，中技所致力于建设立足北京、服务全国，建设具有国际影响力的技术交易中心市场。中技所自组建以来，通过与境内外同业机构的合作，积极创新交易品种和服务内容，着力打造"技术交易的互联网平台""科技金融的创新服务平台"和"科技政策的市场化操作平台"。截至 2014 年底，中技所累计挂牌各类技术产权转让项目 6.8 万余项，累计成交超过千亿元。●

关注技术交易中的瓶颈问题，探索有效的解决路径，是中技所最重要的发展思路，也是中技所的使命之一。中技所通过研究及实践发现，技术价值的实现必须经过"创意—实验室小试—中试—产业化"四个阶段，其中，从小试到中试，即技术的社会投资孵化阶段是实现科技成果产业化的核心环节。目前在我国科技创新体系建设中，这一环节是缺失的。

对此，中技所通过引入专业性的技术投资和孵化机构，在这一领域进行了一系列有效的探索，设计出针对某一项专利技术提供一站式产业化服务的模式，而中国人民解放军第四军医大学（以下简称"第四军医大学"）的 EIT 项目正是其中一个典型的成功案例。

● 中国技术交易所．［EB/OL］．［2016 - 05 - 30］．http：//www. us. ctex. cn/article/aboutus/introduction/.

二、EIT 专利技术产业化案例背景

电阻抗成像（Electrical Impedance Tomography，EIT）即是利用物质的电阻抗来重建物质内部结构图像的技术。其物理基础是：不同的物质具有不同的电导率，通过判断敏感场的电导率分布便可得到物场的媒质分布。EIT 系统具有非侵入性无损成像、功能性成像（指电阻抗成像不仅能反映物质的内部结构，还能体现出内部物质在一定条件下产生变化所代表的功能性信息）、设备简单及使用方便等特点，这些特点使得 EIT 技术引起医学界和工业界的广泛关注，并成为世界各国科学研究工作者研究的热点课题。

目前，EIT 技术主要应用于医学领域和工业领域。特别是在医学领域取得了大量的研究成果，目前的临床研究主要集中在以下几个方面：肠胃与食管功能成像、肺功能成像、脑部功能成像和心脏功能成像等方面。

2005 年，以色列特拉维夫大学的研究人员设计了一套 8 电极带、用于检测肺电阻率变化的便携式生物电阻抗监测系统。通过检测左、右肺电阻率的变化情况，可帮助医生更好地调整患者的用药剂量。2007 年，韩国庆熙大学和英国伦敦大学学院联合设计了一套数字化多频 EIT 系统。该系统采用数字化技术完成了传统 EIT 系统中的模拟滤波和模拟乘法解调部分，提高了工作速度、降低了噪声。2008 年，以色列希伯来大学和加州大学伯克利分校的研究人员设计了便携式 EIT 系统，采用 32 个电极带进行电压测量，并将测量结果传送到手机上，再通过手机拨号连接到中央计算机重建图像，最后计算机可将重建图像传回手机供病人查看或供医生诊断。该项研究成果促进了远程医疗实用化的实现。

国内的 EIT 技术与国外相比仍有一定差距，还处于探索和发展阶段，但第四军医大学生物医学工程系开发的"颅脑实时动态连续图像监护装置"（以下简称"EIT 项目"）则备受学术界及投资界关注。

该项目是第四军医大学在国家基金委项目、重点项目和科技部"九五"攻关、国际合作、"十一五"支撑等项目的支持下形成的科技成果，2009 年已经完成了相关基础研究，并获得一件名为"一种用于床旁图像监护的电阻抗断层成像方法及其装置"的中国发明专利。该项目在关键的生物医学工程技术方面有了重要突破，研制成功了全世界首台电阻抗图像监护实验样机，并进行了系列动物模型成像研究和初步的临床应用探索研究。

在授权说明书中的"技术领域"描述为：本发明属于医疗器械或仪

器，涉及一种用于床旁图像监护的电阻抗断层成像方法及其装置，该装置可用于床旁图像监护。第四军医大学生物医学工程系教授、该专利的发明人之一付峰表示，脑部疾病临床监护，现有技术存在严重缺陷。从影像技术的角度，CT、MRI 等医学成像技术可实现高空间分辨成像，但时间分辨率低，不能用于长时间、连续、动态的图像监护。而临床上则需要在第一时间发现局部病变、损伤的恶化，为及时治疗赢得宝贵时间，因此，动态图像监测是一种最优化的解决方案。而 EIT 项目恰恰可以实现对脑部病灶长时间、无创、动态、连续图像监测，从而发现局部病变，为救治赢得时间。

三、EIT 专利技术产业化模式分析

为使 EIT 项目尽早实现产业化目标，满足临床需求，中技所与第四军医大学、EIT 项目主要研发人员以及相关投资机构一起经过缜密设计，摸索出了一套具有交易所特色的专利技术产业化创新服务模式。2009 年 9 月，第四军医大学、北京易布客科技有限公司（以下简称"易布客公司"）和中技所达成三方协议，第四军医大学以专利普通许可交易的方式，授权易布客公司承接 EIT 项目科研成果产业化工作。

如图 4 - 1 - 1 所示，在中技所为 EIT 项目设计的专利技术产业化模式中，第四军医大学、易布客公司和中技所通过建立合作，把技术持有者、转化投资者和交易服务三方有机"绑定"在一起，让专利产业化的链条清晰有效，为高校、科研院所的专利产业化难题开辟新路。

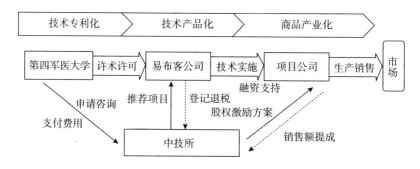

图 4 - 1 - 1　中技所设计的 EIT 专利技术产业化模式

在该模式下，高校、科研院所承担专利产业化过程中的第一步，即实现技术专利化；易布客公司承担第二步，即实现专利产品化；第三步则通

过多次投融资或并购交给其他实业资本或企业完成产品产业化以及产业市场化。在整个专利技术产业化全程服务模式中，中技所既是"导演"也是"服务人员"。中技所不仅提供了包括无形资产评估、入股方案设计、为易布客公司进行 EIT 专利技术产业化提供阶段性融资等服务，还担负着后期专利技术迈过市场化门槛后合作各方利益分配的第三方结算工作。

四、EIT 专利技术产业化项目过程分析

（一）设计专利技术许可方案

在第四军医大学完成 EIT 项目相关基础研究，并成功获得专利授权后，中技所帮助第四军医大学找到了技术产品化的承担者——易布客公司，易布客公司在中技所专家团队的协助下，对技术成果进行详细的鉴别和判断，明确技术成果权属，并为产业化落实好技术团队。在完成全部尽职调查后，易布客公司与第四军医大学签署专利技术许可协议，由第四军医大学向易布客公司实施专利技术许可，根据中技所的建议方案，易布客公司向第四军医大学支付专利技术使用费，包括技术许可入门费、里程碑付费以及技术产业化上市后的销售提成。

（二）成立专门的技术产品化公司

实现专利产品化的过程执行至关重要。按照国家对医疗器械注册审批的相关要求，易布客公司成立了专门从事 EIT 项目具体技术产品化工作的控股子公司——南京易爱医疗设备有限公司，从专利技术消化吸收开始，经过数轮样机设备试制、医疗器械标准审定和注册检验申请等环节后，进入临床试验阶段，当该仪器能够顺利获得二类医疗器械注册证书后，便可走向病房，为患者服务。

（三）完成孵化与退出

易布客公司虽然负责组织相关人力、物力、财力，进行技术产品化的转化工作，但不以最终产业化为目的，仅仅是进行技术孵化，实现产品化后进入交易，随后退出。也就是说，易布客公司以"内行"身份出资并介入投资业务，当易布客公司完成专利产品化后进入第三步的时候，易布客公司则在中技所的咨询协助下，将有策略地通过多次投融资或并购交给其

他实业资本或企业完成产品产业化以及产业市场化。

五、案例亮点及收益分析

（一）利用专利许可模式规避产权不清晰问题

无论是职务成果转让还是入股均涉及成果所有权的变动，就会涉及国有资产处置问题。该案例将职务科技成果的所有权和使用权分离，采用专利许可的模式，与第四军医大学签订了专利实施许可合同，获得了专利许可权，不涉及所有权的变动，有效解决了高校职务科技成果产权不清晰的问题。

（二）第三方角度确定技术市场化价值

通过交易所专业从事无形资产评估的会员机构对 EIT 项目进行评估，从第三方角度确定 EIT 项目的市场化价值，作为技术入股的依据。

（三）具有公信力的第三方监管和结算

在双方沟通的过程中，充分利用了交易所的平台优势和公信力，通过中技所提供第三方监管和结算服务，有效解决了目前技术市场中的信用缺失问题。

（四）成立专门的技术投资公司克服人才与资金瓶颈

为了更好地使 EIT 专利技术尽快产业化，在中技所的协调下，吸引民间资本成立了专门的针对 EIT 专利技术的技术投资公司——易布客公司，进行 EIT 专利技术的许可实施，这样在专利技术产业化的过程中会形成新的专利权，因此技术投资公司今后不仅可以投资现金，还可以以无形资产投资。另外，在该技术投资公司成立之时就对技术经营人才进行了股权激励，从而克服了至关重要的人才短板问题，极大地调动了技术经营人才的积极性，从而能够吸引具有复合背景和较强人脉资源的优秀人才从事专利技术产业化工作。

（五）成立全资子公司作为项目公司具体完成项目的产业化过程

待技术接近产业化时，将由技术投资公司设立全资子公司——南京易爱医疗设备有限公司具体负责 EIT 项目的商业运作，在该公司内部进行股权的激励，充分调动各方面人员的积极性。这是具有中国特色的天使投资，与当前相当多风险投资（VC）和私募股权投资（PE）正在关注和投向早期项目的态势相吻合，且此种天使投资的成功率更高。

从 EIT 项目可以看出，一项专利技术的产业化要经过技术专利化、专利产品化、产品产业化三个阶段，周期性较长，每个环节都伴随着一定的风险，因此需要由专业的运营交易机构对全过程进行监管和服务，为后续产品商业化及商品化产业过程提供包括评估、孵化、融资等全方位的服务，从而建立完整的专利技术产业化服务链条。

 **案例点评**

中技所通过引入专业性的技术投资和孵化机构，在这一领域进行了一系列有效的探索，设计出针对某一项专利技术提供一站式产业化服务的模式。通过把技术持有者、转化投资者和交易服务三方有机"绑定"在一起，让专利产业化的链条清晰而有效，为高校、科研院所的专利产业化难题开辟新路。该案例至少在以下三个方面值得推广和借鉴：

第一，有效解决了高校职务科技成果产权不清晰的问题。无论是职务成果转让还是入股均涉及成果所有权的变动，就会涉及国有资产处置问题。由于第四军医大学的特殊背景，绕开国有资产管理障碍是个难点。该案例将职务科技成果的所有权和使用权分离，采用专利许可的模式，不涉及所有权的变动，有效解决了高校职务科技成果产权不清晰的问题。

第二，建立完整的专利技术产业化服务链条。医疗器械行业特点，产业化周期长、风险高。需要由专业的运营交易机构对全过程进行监管和服务，为后续产品商业化及商品化产业过程提供包括评估、孵化、融资等全方位的服务，从而建立完整的专利技术产业化服务链条。在整个专利技术产业化全程服务模式中，中技所既是"导演"也是"服务人员"。中技所不仅提供了包括无形资产评估、入股方案设计、为易布客公司进行 EIT 专利技术产业化提供阶段性融资等服务，还担负了后期专利技术迈过市场化门槛后合作各方利益分配的第三方结算工作。

第三，能够提供综合性服务，如会员机构的评估服务、入股方案设计、融资服务等。例如在该案例中，待技术接近产业化时，将由技术投资公司设立全资子公司再进行下一步的商业运作，与当前相当多风险投资（VC）和私募股权投资（PE）正在关注和投向早期项目的态势相吻合，投资的成功率更高。

2 知识产权出版社细胞免疫专利"产业+"转化案例

一、知识产权出版社概况

作为国内最具影响力的专利运营机构之一，知识产权出版社（原名专利文献出版社），成立于1980年8月，由国家知识产权局主管和主办，是中国专利文献法定出版单位，是原新闻出版总署批准的国家级图书、期刊、电子、网络出版单位。目前已在专利信息应用技术研究和知识产权运营研究方面取得了众多研究及实践成果，特别自2011年以来，运营团队先后投资运营多个知识产权项目，积累了宝贵的知识产权运营及转移转化经验。团队开创性地建立了知识产权出版社差异化知识产权运营模式，在实践和经验的基础上，凝聚了构建当前知识产权运营的专利池、专利实业化、专利资本化、专利经纪服务四大业务形态，架设"智慧—产权—财富"的桥梁，为原创技术产业化提供全方位的专业服务。

该案中主要涉及的专利技术为DC-CIK免疫细胞制备及应用技术，创新主体为北京康爱瑞浩生物技术有限责任公司（以下简称"康爱公司"），成立于2012年9月，公司主要从事增强型CIK等细胞相关产品、产前诊断、临床特检、高端个体化保健服务等业务，并以提供行业规范肿瘤免疫细胞应用技术服务和产品为己任，拥有研发、临检和生产三大技术体系，是依托于科技部认定的国内科技企业异地孵化试点——北京空港科技园区的创新型技术企业，研发体系为公司核心体系，主要开展了肿瘤免疫细胞的分离、纯化、增殖、分化、鉴定和储存等关键技术与产品研发，细胞临床检验及基因测序和应用技术研发，新药筛选技术与细胞相关产品（细胞因子、细胞分离液、培养基等）的研发。团队多名骨干成员曾在基因组领域取得过国际领先的研究成果，有多篇论文发表在 *Nature* 和 *Science* 系列杂志上。该公司拥有一个年富力强、富有活力、博学多才的管理、策划和营销队伍。

二、细胞免疫专利技术"产业 +"商用化案例背景

细胞免疫治疗项目是知识产权出版社差异化知识产权运营模式下的典型案例之一。康爱公司当时初步申报了两件发明专利申请，申请号分别为：201410055971.6、201410189676.X。该公司当时正处于大刀阔斧开拓市场、建立营销渠道的关键时期，康爱公司不是很重视知识产权对高端前沿生物领域的保驾护航作用，顾虑自身技术会被别人抄袭复制，除了提交了上述两件专利申请之外，没有申请更多专利，专利布局不全面。此外，康爱公司同时也需要外部资金的及时注入，招兵买马并保证市场的快速展开。鉴于知识产权出版社运营团队是由多层次、跨专业的复合人才组成，具备高灵敏度的项目甄选能力，同时康爱公司也逐步了解到知识产权出版社这支国家队在知识产权运营业务上的成就，双方便开始接洽运营合作事务。

三、细胞免疫专利技术"产业 +"商用化案例过程

（一）征集筛查与项目库建档

项目首先基于康爱公司对生物专有技术知识产权保护的迫切需求，在知识产权出版社的全力扶持下，项目评估小组首先为该项目进行了专业化建档，随后该项目通过了部门初步审查，进入了系统审查程序。

（二）系统审查评估

项目评估小组通过系统地专利技术分析、市场分析、盈利模式分析、风险分析、实施计划分析等，并在大量科研、生产、临床实地调研的基础上，反复论证，一致认为该项目具有较强的实施性。

（三）专家组论证

按照知识产权运营标准作业流程，组织行业专家细致论证，专家组一

致认为该项技术具有市场领先性，盈利模式清晰，市场预期良好，项目风险较低，项目可行性强，并具有较好的社会效益和经济效益。

（四）财务审计和资产评估

知识产权运营联盟成员单位从财务审计和资产评估角度出具了分析报告。

（五）投资决策

最后投资委员会结合评估小组的项目可行性研究报告、专家组建议报告、财务审计报告、资产评估报告等，综合分析认为该项目公司所从事的业务属生物高新技术前沿领域，有着广泛的市场应用前景，并且对知识产权出版社知识产权挖掘、布局、交易及保护服务有着迫切的需求，项目团队有着高度的事业心和执行力，工作基础扎实，技术经验丰富，符合知识产权项目投资运营的基本原则和理念，研究决定知识产权出版社结合自身优势以适当比例投资该项目。

（六）投资后的知识产权服务

投资完成后为该项目公司开展知识产权布局挖掘及专利池构建工作，并协助其做好市场推广和上市辅导工作，双方很快达成了股份合作协议，同时启动对康爱公司的包含知识产权在内的全方位服务。

四、细胞免疫专利技术"产业＋"商用化模式

知识产权出版社的差异化专利运营模式即"为原创技术的产业化提供全方位的专业服务"，着力体现在原创性、产业化，落脚点为服务性。知识产权出版社的专利运营模式以高端运营人才为核心，从六个维度支撑知识产权运营，即以"产业＋"为指导思想，以开放融合为原则，以运营联盟为依托，以数据挖掘为手段，以产业升级为目的，以基金管理和投资为主要收益来源，为原创技术的产业化提供全方位的专业服务。该模式难点一方面是优势项目的征集筛选及其知识产权价值评估；另一方面在于其与金融资本的有机嫁接，使知识产权资本属性深度发力，营造良好的知识产权运用环境；最后是如何借力知识产权运营促进产业聚集、转型升级，形成创新驱动发展原动力。

知识产权出版社基于自身的专利运营模式作业程序，于 2014 年 12 月投资入股康爱公司，公司评估值近 7800 万元。运营团队基于康爱公司原创技术，着力为公司做好知识产权布局规划及上市配套服务，同时通过关联技术科研院所的专利评估、转让或许可等，先后从高等院校收购发明专利 2 件，围绕 DC－CIK 免疫关键技术点布局挖掘专利 10 余件，通过专利预警分析，为公司产品海外布局和市场推广做好规划，并助力康爱公司完成高新技术企业认证，帮助其开展品牌建设和渠道推广。2015 年初，在知识产权出版社的积极配合及推动下，康爱公司完成股份制改造，4 月底正式向全国股份转让系统递交挂牌申请，于 2015 年 7 月 29 日成功完成挂牌上市。公司知识产权及市场等综合评估值达 3 亿元人民币（见图 4－2－1）。

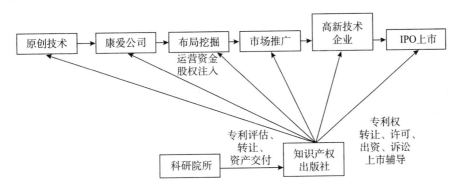

图 4－2－1　细胞免疫专利技术"产业＋"商用化模式

五、投资运营后效益情况

在知识产权出版社运营团队的全力扶持下，目前已为企业布局挖掘专利 10 余件，并加速了海外 PCT 申请与布局，已实现公司规模化生产推广的知识产权保护，实践证明公司技术得到了专家学者和市场的广泛认可，已签约大型肿瘤医院达 15 余家，2015 年 7 月底，经知识产权出版社多次规划辅导，知识产权出版社投资运营的康爱公司成功登陆全国中小企业股份转让系统（"新三板"），股票简称："康爱瑞浩"，证券代码："833338"，成为全国第一家专利运营投资的挂牌上市公司。公司知识产权及市场等综合评估值从投资初的 7800 万元上升到了 3 亿元，价值倍增了近 4 倍。该公司的成功挂牌进一步规范了治理结构，借助资本市场，搭建融资平台，拓展业务领域，吸收业内精英，提升品牌价值和市场影响力，对公司发展具有里程碑意义。

六、案例亮点

该案例是一个将智慧转化为知识产权，帮助发明人从原创技术到专利申请、挖掘布局、规模生产、市场推广、产业化应用，申请国家高新技术企业，成功辅导 IPO 上市，最终创造财富的经典案例。项目的成功运营验证了知识产权出版社的知识产权投资运营模式的有效性，也即"为原创技术的产业化提供全方位的专业服务"。康爱公司的成功上市挂牌更加明确了知识产权运营道路的方向，反映了知识产权与产业及资本市场融合发展的社会需求，为知识产权出版社积极参与知识产权运营全国规划布局奠定了基础。

 **案例点评**

该案例是一个将原创性发明转化为专利权，帮助发明人从原创技术到专利申请、挖掘布局、规模生产、市场推广、产业化应用，申请国家高新技术企业，成功 IPO 上市，最终实现专利技术产业化运营的经典案例。

知识产权出版社依托其专业人才、专利信息咨询服务经验和专利运营优势，做了如下三件事：

（1）在康爱公司细胞免疫专利技术产业化项目前期的技术调研、可专利性分析、专利布局策略、申请专利、收购与之相关的必要专利、构建专利池等方面提供全方位的专利服务。

（2）知识产权出版社依托其发展战略部署，投资入股康爱公司，并协助其做好市场推广及上市辅导工作。

（3）知识产权出版社为康爱公司嫁接了科研院所、资本等资源，通过专利预警分析，为公司产品海外布局和市场推广做好规划，并助力康爱公司完成高新技术企业认证，帮助其开展品牌建设和渠道推广。

总之，知识产权出版社通过为原创技术的产业化提供全方位的专业服务，采取"原创性发明＋专业服务＋天使投资入股＋产业化"的模式，落脚点为专业咨询服务。知识产权出版社开创了国内独特的专利运营模式，促进了国内知识产权运营模式的探索与实践步伐，对国内企业开展专利运营工作具有积极的借鉴意义。

3 美国高智投资有限责任公司
专利运营案例

一、美国高智投资有限责任公司概况

（一）机构背景

美国高智投资有限责任公司（Intellectual Ventures，LLC. 以下简称"高智"）成立于 2000 年。由微软的前首席技术官内森和前首席架构师荣格创办。最初由个人的资金支持发明创新，并希望打造专利大平台，使有发明想法和专利的机构可以在高智的平台发挥效益，或对发明和专利有需求的企业提供相关专利，提高研发效率。高智自 2003 年开始以基金形式运作，其投资者包括大型跨国公司（Microsoft、Intel、Sony、Apple、Amazon、Cisco、Nokia、eBay 和 Google 等）、投资基金（JP Morgan Chase Bank、Flag Capital、Certain funds of McKinsey and Company）、大学及非营利机构（Stanford University、Cornell University、Bush Foundation、Rockefeller Foundation 等）和富裕的自然人共计几十家。截至 2015 年底，共有 3 支主要基金即购买专利基金（IIF）、发明合作基金（IDF）和内部研发基金（ISF），管辖的资金额度为 70 亿美元，期限都是 20 + 5 年，主要投资人来自全球主要的高科技公司、顶级大学基金、老牌家族基金和高端金融机构等。据报道，高智在过去 13 年投资在专利、发明和自身研发发明合计约 35 亿美元，收回资金超过 40 亿美元。高智的总部设在美国的西雅图，并在全球 13 个国家和地区设有分支机构，在中国的分支机构分别设在北京和香港。2008 年，高智进入中国，在北京设立分支机构。

（二）组织架构

高智的组织架构包括：专利购置部门（负责从第三方获取专利）、创新部门（负责内部的创新研发）、投资者关系部门（负责管理投资事宜）、商业化部门（负责专利资产的开发）、研究部门和知识产权运营部门，研究部门和知识产权运营部门分别为上述四个部门提供业务支持。从某种意义来说，这样的人员组织结构本身就具有很强的专门从事专利组合、授权和诉讼的能力。根据文献记载❶，高智的组织结构如图4-3-1所示。

图4-3-1 高智的主要组织结构

（三）专利资产

高智帮助客户分析如何从事专利购买、开发和商业化等，根据Avancept知识产权咨询公司2010年的研究报告显示：大约有1110家空壳公司或附属机构与高智存在关联，这些空壳公司在2001~2009年进行了811项知识产权交易，涉及7018项美国专利和2871项专利申请。高智发明主要投资的领域包括信息技术、生物医疗、材料科学等领域。

高智已经对外公开33124件专利清单，其中包括中国专利或专利申请合计1077件，仍有一部分专利处于公开阶段而尚未授权，技术领域分布情况如表4-3-1和表4-3-2所示。此外，该专利清单中还包括了1350件中国台湾专利、82件中国香港专利和560件PCT专利。

表4-3-1 在华专利的主要市场方向分布情况　　　　　单位：件

市场方向	数量	引用数	引用占比	被引用数	被引用占比	同族数	同族占比
立体剖面示意图、破孔、电子器物、模组化	91	1	0.01	5	0.05	67	0.74
数据处理操作、字节存储器、I/O配置、局部存储	145	6	0.04	21	0.14	2120	14.62

❶ 袁晓东，孟奇勋. 揭秘高智发明的商业运营之道 [J]. 电子知识产权，2011 (6).

续表

市场方向	数量	引用数	引用占比	被引用数	被引用占比	同族数	同族占比
频率选择滤波器、附加增益、二阶失真、寄生噪声	167	6	0.04	9	0.05	2263	13.55
电介质钝化、衬底结构、器件元件、器件衬底	92	11	0.12	15	0.16	2871	31.21
活性元件、特征优选、地足、目标材料	105	1	0.01	8	0.08	719	6.85
电源电平、偏压电平、泵电路、电源电压电平	105	2	0.02	6	0.06	1342	12.78
链路传递、系统协议、信道管理、空中链路	158	5	0.03	14	0.09	2044	12.94
简化版本、呈现输入、计算机制、虚拟方式	214	6	0.03	13	0.06	2821	13.18

表 4-3-2　高智在华专利的主要技术领域分布情况　　　单位：件

IPC分类	数量	引用数	引用占比	被引用数	被引用占比	同族数	同族占比
G06F	190	6	0.03	9	0.05	2283	12.02
H04L	116	7	0.06	8	0.07	1901	16.39
H01L	93	9	0.1	15	0.16	2531	27.22
H04N	68	4	0.06	7	0.1	1025	15.07
G11C	49	1	0.02	5	0.1	485	9.9
H04B	46	0	0	1	0.02	668	14.52
H04Q	36	1	0.03	2	0.06	592	16.44
H05K	34	0	0	14	0.41	185	5.44
G06K	25	1	0.04	0	0	245	9.8
H04W	23	1	0.04	3	0.13	152	6.61
G02F	22	0	0	0	0	102	4.64
H03K	19	0	0	0	0	394	20.74

续表

IPC 分类	数量	引用数	引用占比	被引用数	被引用占比	同族数	同族占比
H01Q	18	0	0	0	0	223	12.39
G02B	17	2	0.12	1	0.06	448	26.35
G11B	16	0	0	2	0.13	173	10.81
H03F	16	0	0	0	0	209	13.06

通过表4-3-3可见，高智已经公布的在华专利清单之中，有1003件专利拥有同族专利共计14247件，平均每件专利拥有14.2件同族专利，且引用了36件专利，被引用了89次，可见这些专利基本上属于原创性专利，可想而知其专利价值，因此也就足以证明高智的专利清单不可小视，值得国内企业关注及分析。

表4-3-3　高智在华专利的同族专利情况　　　　单位：件

	数量	引用数	引用占比	被引用数	被引用占比	同族数	同族占比
同族	1003	36	0.04	89	0.09	14247	14.2
无同族	74	2	0.03	2	0.03	0	0

二、高智主要的专利转移转化模式

高智的商业运作模式为：首先，在全球发展最快的一些行业中，掌握下一代核心技术，并为之设立标准；其次，建立一个为创新提供融资的公司网络；再次，形成多元化的专利组合；最后，在5～10个技术领域，获得能够达到预期效果且足够数量的专利库，通过诉讼或许可专利的形式，实现盈利。具体商业运作模式如图4-3-2所示。

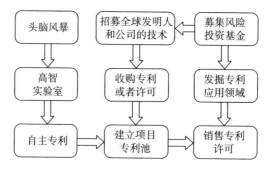

图4-3-2　高智的商业运作模式

（一）研发—许可

自 2007 年以来，高智全面推进与全球的科研院所及创新机构合作，旨在建立全球的科学家网络。截至 2015 年底，高智与全球超过 400 家研发机构和院校有正式合作关系，其中包括研发人员 2 万多名，并有 4000 多名活跃的科学家已经与高智有过创新方面的合作。在与中国的合作方面，通过高智的发明家网络，在中国已经有近千名科学家与高智的 IDF 基金有所合作。

高智针对不同的发明人和专利法律状况，高智采取了差异化的专利集中策略。针对"新点子"阶段，高智设立了"点子实验室"，其工作流程可参考图 4 - 3 - 3 高智的内部研发流程。通过举行发明会议，高智提交了多项专利申请，涵盖光学、生物技术、电子商务、通信、电信、计算机、新能源、材料学、食品加工安全和医疗器械等多个领域。从产生"新点子"到获得专利至少需要经历 3 ~ 5 年，需要巨额投资，且面临诸多风险。针对"产生研究成果"阶段，高智发明采取"独家代理权"或"专利独占许可"的方式，取得大学或科研院所的专利。针对"专利授权"阶段，高智主要采取直接收购的模式。在强大的资金和团队支持下，高智在 2009 年组建了自己的实验室，高智通过该实验室已经申请了 3000 多件专利。

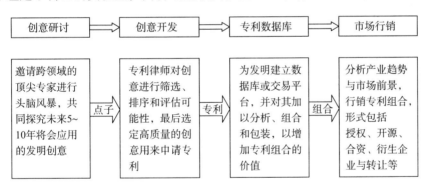

图 4 - 3 - 3　高智的内部研发流程

（二）收购—许可

高智的专利集中战略采用三步法。

第一步是募集资本，现已顺利完成。

第二步是专利选择与集中。通过收购、独家代理等多种方式，将开放式创新产生的专利集中起来，组建各种专利池。高智通过其专利投资基金购买各种专利，从市场上收购了大量的专利，其中大多数是通过购买方式获得的。2010 年，高智还通过一些"影子公司"购买专利，这些影子公司表面上与高智不存在委托代理关系，但高智是实际的出资人，操纵这些公司的资金和业务。此外，并购科技型企业也是高智专利购买的一种方式。高智通过其发明开发基金选择发明领域和技术构思符合高智要求的发明者进行资助，并对相应的发明申请专利，该经营模式是高智进入亚洲国家普遍采用的策略。高智的科学发明基金用于资助高智专职研究人员从事发明创造。

第三步则通过专利出资、许可或转让的方式，获取超额垄断利润。

（三）诉讼（借壳、直接、威胁）

1. 间接诉讼

根据《纽约时报》报道，高智隐藏在 1100 多家空壳公司背后发起专利诉讼威胁。高智通过这些空壳公司发起诉讼的一个典型案例是绿洲研究（Oasis Research）诉 Adrive 案。2007 年，高智从发明人 Crawford 处购买了 6 件发明专利，2010 年 7 月 30 日高智将这些专利卖给成立仅 12 天的绿洲研究，一个月后绿洲研究以 Crawford 的专利及一件当年 7 月授权的专利向 Adrive、AT&T 等 18 家业务涉及云计算的服务商发起专利诉讼，即绿洲研究诉 Adrive 案。表面上高智并未参与诉讼，但被认为是绿洲研究的背后操控者。

2. 直接诉讼

2010 年以来，高智开始"亲自"发起诉讼，且诉讼对象均为知名企业。该公司在诉讼中声称为诉讼中涉及的专利购买了大量资产并为个人发明者支付了数亿美元，同时公司通过授权企业使用专利获得了数十亿美元收入。2010 年底，高智就所拥有的 4 件专利向 9 家公司发起侵权诉讼；2011 年 7 月，高智再次就其掌握的 5 件专利发起侵权诉讼，这次的被告阵容更加强大，包括了 12 家世界知名公司。2002 年 1 月 4 日，Intersil Americas，Inc.，California 公司申请了一件美国专利 US2003053469A1，然后该专利经历了多次专利权转让。2011 年 7 月 18 日，Intellectual Ventures LLC，Delaware（高智公司）从 Xocyst Transfer AG LLC. 处获得了该发明专利权。2014 年 3 月 10 日，高智在美国向摩托罗拉移动提起了专利侵权诉讼。

2011 年 10 月，高智又以 6 件专利侵权为由向摩托罗拉移动发起诉讼，而在其发起指控的两个月以前，谷歌刚刚宣布将以 125 亿美元的价格收购摩托罗拉移动，这项交易令谷歌获得了 1.7 万多项专利，可被用来保护其 Android 移动操作系统。高智在提起诉讼时称，该公司拥有 3 万多件专利，其中有 3000 件专利和专利申请来自该公司自己的努力。在高智针对摩托罗拉移动发起的诉讼中，所有涉案专利均并非来自前者自身的努力。据美国专利商标局的专利转让数据库显示，高智在最初发起诉讼时列出的全部 6 项专利都是该公司通过收购方式得来的。

3. 诉讼威胁

高智曾向黑莓 RIM、三星和 HTC 等多家公司发送了律师函，称将对它们发起专利诉讼，这些公司纷纷与高智达成专利授权协议，高智也因此获得了高额经济回报。

4. 专利保险

专利保险是指企业通过交付一笔专利费用的方式，与高智结成专利同盟，高智则为企业提供专利保护伞，当该企业面临专利侵权诉讼时，高智利用自己所拥有的专利为"被保险"公司提供一个可以绕开原告主诉专利的专利池，从而避开专利诉讼。在实践中面临诉讼的公司通过购买高智的这种专利保险不仅可以绕开专利诉讼的专利池，甚至会形成对原告主诉专利的反诉。

三、高智协助 Raisio 公司推广饲料技术和专利案例

Raisio 公司是在伦敦主板上市的芬兰一家主要饲料和乳制品厂商，Raisio 公司的牛饲料有一些奇特的效果，可以与现有的牛饲料结合，达到奶牛产量增长 5% 同时蛋白质等也可以增加 10% 的效果，并可以使得挤奶过程中减少对奶牛的感染，以至于牛更愿意产奶，使奶的产量增加。

经介绍，Raisio 公司主动与高智接触，并希望可以通过与高智合作，把它们的技术推广到全球。同时，高智可以协助 Raisio 公司在原有专利基础上进行专利挖掘及布局，提高技术准入门槛，不断改善其技术本身。在交易结构方面，鉴于 Raisio 公司除了牛饲料之外，还有很多乳制品、其他牲畜和家禽的饲料业务，高智决定突出核心业务，集中做好牛饲料技术的推广。为此，高智与 Raisio 公司确定了利用各自资源联合成立合资公司

Benemilk 的方案，由芬兰 Raisio 公司提供现有的技术、专利及运营的现金，并由高智负责为合资企业提供技术的全球推广。

在专利保护方面，在原有十多件专利的基础上，高智团队在仔细布局后，已经申请近 100 件发明专利。

 **案例点评**

在专利储备环节，高智通过 3 支基金，以自创、购买、合作 3 种方式面向全球收储专利。高智商业模式的成功主要得益于两方面的特点和优势，一是具有高端的专业团队，包括技术专家、法律专家和经济专家，同时建立了高端的科学家网络，把握各个产业领域的技术创新方向，识别高价值的专利；二是具有全球资源整合能力。

高智对专利的大举收购行为也引发了一些国家的警惕，韩国、日本等国家创立了政府背景的知识产权创投基金。韩国政府投入 2 亿美元，设立了"知识产权立体伙伴"和"知识探索"的专利运营管理公司，日本成立了生命科学知识产权平台基金，开展专利集中管理和集成运用，在推动专利转移转化的同时，有效帮助本国企业应对外国专利运营公司的威胁。2008 年，高智进入中国，对我国专利运营业态发展产生了一定的影响，特别是其专利运营人才的输出和专利运营模式。2014 年 4 月，国内第一支专利运营基金——睿创专利运营基金成立。在资本化的进程中，通过专利运营模式的探索和专利运营机构的实践，相信国内专利运营机构的专利运用的水平将不断提升，专利的价值将逐步显现。

4 金大米项目专利合作联盟运营案例

一、金大米技术概述

金大米是一种转基因大米，它是通过转基因技术将胡萝卜素转化酶系统转入大米胚乳中可获得外表为金黄色的转基因大米，故被称为"金大米"，也称金稻米，英文为 Golden Rice❶。金大米因其富含胡萝卜素，在动物体内可以转化为维生素 A，可以帮助减少由于缺乏维生素 A 引发的疾病。

据世界卫生组织（WHO）统计，全球有大约 2.5 亿学龄前儿童健康受到维生素 A 缺乏的影响（最常见的症状是导致视力不佳甚至失明，严重的导致死亡）。如果能够补充足够的维生素 A，可以挽救将近 250 万名 5 岁以下儿童的不必要死亡❷，这一数据比其他三个导致高死亡率的疾病（分别是因艾滋病致死 170 万人、因结核病致死 170 万人、因疟疾致死 75 万人）都要高❸。在受维生素 A 缺乏影响人群分布中，以大米为主食的地区往往是重灾区，其中包括亚洲、南美、非洲等地，其中又以不发达和部分发展中国家更为严重。

为了克服传统大米中缺乏维生素 A 的问题，瑞士联邦理工学院（Swiss Federal Institute of Technology）的因歌·波特里科斯（Ingo Potrykus）教授和德国弗莱堡大学（University of Freiburg）的彼得·贝耶（Peter Beyer）教授（后来金大米技术的主要发明者）开始了金大米转基因技术的研究。该研究最早开始于 1991 年，于 1999 年取得成功，两位教授的研究成果论文发表在 2000 年 1 月的《科学》（Science）期刊上。该研究项目曾得到洛

---

❶ Ingo Potrykus. The "Golden Rice" Tale [EB/OL]. [2016 – 05 – 30]. http：//www. agbioworld. org/biotech – info/topics/goldenrice/tale. html.

❷ [EB/OL]. [访问日期不详]. http：//www. goldenrice. org/Content3 – Why/why1_ vad. php.

❸ Adrian C Dubock, Green & Life Technology Forum, National Science & Technology Commission, Seoul, Korea.

克菲勒基金会和其他公共机构（包括 ETH、欧盟和瑞士联邦教育和科学办公室）的支持，其中洛克菲勒基金会是其最长期的和最大的资助者。

根据相关实验数据，波特里科斯教授和贝耶教授研发的金大米原型，其大概能够达到每克大米中含 1.6 微克 β - 胡萝卜素，之后进一步改进获得第一代金大米，β - 胡萝卜素含量提高到 6 微克，但是仍然不足以满足维持身体所需维生素 A 正常水平的需要，直到后来先正达公司介入，其研究人员与两位教授一起研发成功第二代金大米，其维生素 A 含量远远高于第一代，达到 30 微克以上（是最初原型的 20 倍）❶，完全可以满足身体正常所需维生素 A 数量。

2015 年 4 月 13 日，美国专利商标局（USPTO）宣布了 2015 年度人道主义专利奖的获得者，其中金大米项目因其对于改善维生素 A 缺乏症状的重要贡献获评营养技术领域的人道主义专利奖❷。

二、金大米专利技术专利申请情况

金大米技术的发明者（波特里科斯教授和贝耶教授）为他们的发明提交了 PCT 专利申请（公开号：WO00/53768A1）以寻求在全球相应国家和地区的专利保护，并由此获得了金大米技术的基础专利（该 PCT 专利进入全球多个国家和地区并获得专利授权，例如美国（US7838749B2）、日本（JP4727043B2）、澳大利亚（AU776160B2）、加拿大（CA2362448C）、欧洲（EP1159428B1）等。值得注意的是，该 PCT 申请的申请人信息为：Greenovation Pflanzenbiotechno［DE］。经进一步分析发现，Greenovation Pflanzenbiotechno 实际上是一家由弗莱堡大学衍生出来的生物技术企业（企业网址：http：//www. greenovation. com），其负责将源自弗莱堡大学的生物研究项目许可给外部并运营相关的知识产权。而先正达公司在开发第二代金大米技术的过程中，同样对第二代技术提交了专利申请，其中包括第二代金大米技术的 PCT 基础专利申请（公开号：WO2004085656A2）进行保护。

---

❶ Potential contribution of Golden Rice to vitamin A deficiency alleviation［EB/OL］.［访问日期不详］. http：//www. goldenrice. org/Content3 - Why/why1_ vad. php.

❷ ［EB/OL］.［2016 - 05 - 30］. http：//www. uspto. gov/patent/initiatives/patents - humanity/patents - humanity - awards -2015#golden_ rice.

三、金大米项目专利运营模式分析

金大米项目从一开始就定位为人道主义项目❶，因此，金大米技术发明人从一开始就计划附加限制条件地向发展中国家的农民和研究机构免费提供专利技术许可。但是在后续的产品化过程中，出现了问题，由于金大米技术涉及生物技术的多个领域，因此面临典型的"专利丛林"问题。例如，根据 NGO 组织 ISAAA（The International Service for the Acquisition of Agri‑biotech Applications）的 FTO 分析，金大米技术的实施，会涉及至少多达 46 个专利族的 70 多项专利和专利申请，涉及 30 多个公司或研究机构专利权人，其中有 11 项专利会对金大米技术的实施形成高度障碍❷。而在这些专利的基础上还可能进一步衍生出来更多专利（对前述 46 个专利族的引证专利文献多达近 2000 件），因此，要想在不侵犯他人专利权的情况下获得第一代金大米产品几乎不可能。

在波特里科斯教授和贝耶教授的倡议下，金大米产品开发合作项目（Golden Rice PDP，GR‑PDP，Golden Rice Product Development Partnership）成立，并成立了金大米人道主义委员会（Golden Rice Humanitarian Board），负责 GR‑PDP 项目的具体决策，该委员会成员由 NGO 组织洛克菲勒基金会、先正达公司、世界银行以及一些公立研究机构和私立研究机构，还有就是金大米技术的发明人们共同组成。

为了解决专利阻碍问题，金大米技术发明人（因歌·波特里科斯教授和彼得·贝耶教授）开始尝试与多个专利权人进行沟通，希望能够找到合作者，最终先正达公司成为第一个合作方❸。先正达公司拥有实施第二代金大米技术无法绕过的基础专利，且只有像先止达这样的企业才有能力真正将金大米技术付诸产业化，而两位发明人所在的研究机构并不具备这样的能力。

为了整合获取金大米（尤其是第二代）所必需的专利技术，金大米技

---

❶ [EB/OL]．[2016‑05‑30]．http：//goldenrice. org/Content1‑Who/who4_ IP. php.

❷ Kryder D，SP Kowalski and AF Krattiger. 2000. The Intellectual and Technical Property Components of pro‑Vitamin A Rice（GoldenRice™）：A Preliminary Freedom‑to‑Operate Review. ISAAA Briefs No 20. ISAAA：Ithaca，NY. www. isaaa. org/kc/bin/isaaa_ briefs/index. htm.

❸ 实际上，真正达成合作的是阿斯利康（AstraZeneCa），2000 年 11 月 13 日，阿斯利康和瑞士的诺华制药（Novartis）合并成立专注于农业领域的先正达公司。

术的发明者将其专利权转移给 Greenovation Pflanzenbiotechno，然后由 Greenovation Pflanzenbiotechno 许可先正达公司使用，从而先正达公司获得金大米技术商业化的排他权（尽管后来在 2005 年，先正达公司宣布将停止在发达国家的商业化行动，因为发达国家并不存在对于富含维生素 A 的金大米的市场需求）。作为交换，先正达公司将其所有专利都许可给 GR‐PDP，并且由先正达公司和其他几大公司（包括拜耳、孟山都、诺华、Orynova 公司和 Zeneca Mogen 公司等）协商达成一致，所有公司都同意，将其与金大米技术相关的专利组合纳入进来，如此一来，实际上就形成了一个金大米技术专利池，GR‐PDP 为其指定了相应的政策和许可协议。作为该专利池的最主要成员之一，先正达公司将金大米从概念变成了产品，其给金大米技术发明者（通过 Greenovation Pflanzenbiotechno）提供了人道主义分许可的权利，即可以将整个专利池的专利免费进一步许可给全球的研究机构和不发达与发展中国家缺乏资源的贫穷农民，前提就是必须用于人道主义用途❶。

图 4 ‐ 4 ‐ 1 对金大米专利的运营模式进行了概括，简要阐述如下：

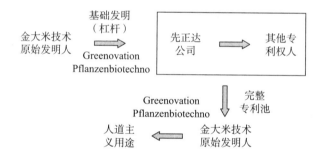

图 4 ‐ 4 ‐ 1 金大米专利技术的运营模式

首先，金大米技术的原始发明人（两位来自研究机构的教授）以其基础专利作为杠杆，通过一个小型的生物技术公司（Greenovation Pflanzenbiotechno，一个从大学衍生的企业）撬动先正达公司的合作意愿，通过合作，先正达公司获得全球的排他性金大米商业化权利。

其次，先正达公司与金大米技术领域的其他专利权人达成协议，其他专利权人"捐献"其专利用于人道主义用途下使用其金大米相关的专利技术，从而形成金大米技术专利池。

最后，金大米技术原始发明人获得金大米技术专利池的科学研究和分

---

❶ ［EB/OL］. ［2016 ‐ 05 ‐ 30］. http：//goldenrice. org/Content1 ‐ Who/who4_ IP. php.

许可权利，并可以通过 Greenovation Pflanzenbiotechno 向全球的研究机构和不发达与发展中国家的贫穷农民许可使用。

通过上述运作，专利池中的原始专利权人不再针对出于人道主义使用专利技术的情况主张其专利权，尽管这看上去似乎是个损失，但是，通过以下几点分析可以看出，事实可能并非如此。

第一，由于金大米项目涉及的是一个人道主义项目，在一个人道主义项目中主张自己的权利（尤其是这种做法可能会导致项目受阻），对于主张权利的公司的声誉而言是极其不利的；

第二，与上一点相反的，如果不在人道主义项目中主张专利权，反而有条件地或者说带限制地捐献其权利，会给公司的声誉加分不少；

第三，上面两点是从声誉上分析，实际上从经济效益上看，放弃主张专利权的公司也不一定经济利益受损，由于不主张专利权是有限制或有条件，比如，金大米专利技术仅针对科学研究和发展中国家贫穷农民免费使用，在其他情况下，例如在发达国家，并不是免费的，专利权人可以照常主张其权利，因而其经济利益不见得有很大的损害。实际上，专利权人甚至可能会取得更大的经济收益，因为有些技术，例如涉及转基因技术，其具有一定的争议性，需要一个测试期、适应期，如果通过人道主义项目的形式，技术能够更迅速地普及，为长远形成一个更大的市场奠定基础。例如金大米案例中的先正达公司，其一方面拥有金大米专利技术的全球商业化使用权利，另一方面还拥有研究机构在现有技术基础上做出改进的获得技术的商业化权利。

四、金大米专利运营案例启示

综合前面的分析可知，金大米专利运营模式具有以下几个重要特点：

（1）通过人道主义项目的形式，其实际上构筑了一个专利合作联盟或专利池；

（2）该专利池是非营利目的、非商业用途的联盟，并且仅适用于不发达和发展中国家和地区及科研用途；

（3）该项目参与方包括个人（发明人）、企业、公益基金和世界性组织，范围非常广泛；

（4）在整个项目中，研究机构、企业、个人发明人的角色定位非常清晰，研究机构和发明人注重搞研发，通过（小型）企业（如 Greenovation

Pflanzenbiotechno）开展谈判和实施许可，大型企业将概念付诸产品实现；

（5）最重要的，在人道主义用途前提下的专利许可均是免费的、非营利的。

在笔者看来，金大米专利运营项目至少具有以下启示和借鉴意义：

第一，金大米专利运营项目实际上代表或创造了一个独特的、但目前没有引发足够关注类型的专利运营模式，即 NGO 专利运营模式。实际上，金大米专利运营项目不是唯一的 NGO 专利运营项目，2010 年于瑞士日内瓦成立的药品专利池（Medicines Patent Pool，MPP）也是一个非营利的专利运营项目[1]。MPP 的成立主要是为了让艾滋病患者能够以更低的价格及时获得治疗艾滋病的药物，其运营模式如图 4 – 4 – 2 所示。

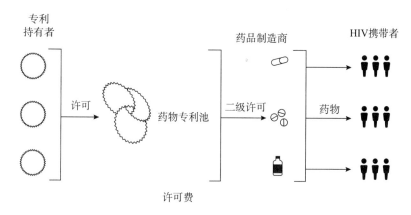

图 4 – 4 – 2　MPP 专利池运营模式

首先，MPP 作为非营利性机构，根据其定位，确定需要协商的药品和相应的企业；其次，通过与专利权人谈判（主要是说服），获得在特定地域特定条件（更低的许可费率）下的分许可权利；最后，将专利许可给许可协议中规定地域的仿制药生产商来生产艾滋病药品，让艾滋病患者以更低的价格获得药品，同时，专利权人获得相应的专利许可费。

与金大米项目类似，非营利组织 MPP 作为发起人和关键的专利运营机构，起到了专利资源整合和运营的作用，由于围绕特定药品（金大米涉及的是特定食品）存在舆论、购买力、人道主义等多方面的影响因素，作为企业而言，通过参与这样的项目，其通常可以做到名利双收，尤其是对于像印度等针对药品专利较高概率发放强制许可的地域，与其以一个较低的许可费率被迫许可仿制药生产商，还不如通过主动与 MPP 合作，通过设计

---

[1]　［EB/OL］．［2016 – 05 – 30］．http：//www.medicinespatentpool.org.

许可协议，获得对自身有利的条件，在不丧失收取专利许可费（尽管相对其他一些地域要低）的同时，赢得了人道主义等良好口碑。截至目前，MPP 已经和全球主要的艾滋病药品企业达成了协议。❶

第二，NGO 专利运营模式能够很好地为 NPE 正名，不会让人们一看到 NPE 就联想到专利流氓，因为专利流氓一定是图利的，而 NGO 最大的特点就是公益，也就是说，NGO 专利运营是 NPE 专利运营，但是非营利目的的专利运营，不是专利流氓，不是 Patent Troll；NGO 专利运营可以促进技术传播、促进技术进步、促进社会改善。

第三，NGO 专利运营的策略意义。关于这一点，笔者提出了如下建议：

首先，要在我国鼓励 NGO 专利运营。由于 NGO 专利运营不以营利为目的，NGO 的身份决定其相对于普通的企业在很多情况下具有便利性，比如，NGO 与企业之间的协商谈判，双方的顾忌和猜忌会少很多。NGO 也能够更好地吸引资金，从而更好地促进技术的传播和使用，尽快地产生现实效益。

其次，建议首先成立民间的 NGO 型 NPE。当我们真正考虑成立 NGO 型的专利运营机构时，可以多多地借鉴常规 NGO 的模式，以民间自发成立和运作为主，作为人道主义主要推动力量。

再次，建议考虑成立以科研机构为主的 NGO 型 NPE。以高校、科研院所为基础，成立 NGO 型 NPE，促进科研机构之间专利技术的自由流通和使用，加快技术的研究和应用进度。

最后，建议考虑成立国家级 NGO 型 NPE。这类 NGO 型 NPE，应当适时成立，尤其是在民间 NPE 动力不足的情况下（因为毕竟民间 NPE 更多的以营利为导向，而国家则可以通过其政府资源调动，将营利放到非首要位置）。其具有至少两方面的积极意义，一方面其要承担抵御外部"专利入侵"的责任，保护中国企业；另一方面可以整合专利技术，促进专利技术的传播和使用，同时可以对外进行攻击或威慑，并在必要时对抗已有的国家级 NPE（例如法国的 France Brevets、韩国的 Intellectual Discovery、日本的 Innovation Network Corp）。

---

❶ [EB/OL]. [2016 – 05 – 30]. http：//cn. chemcd. com/news/1217. html.

 **案例点评**

　　该案例颇有新意，呈现了一种全新的 NGO 专利运营模式。NGO 活跃的领域主要是环境保护、扶贫开发、文化医疗等，该案例的金大米技术就是典型的关乎人类健康的人道主义技术。2015 年 4 月，美国专利商标局即授予金大米项目为营养技术领域的"人道主义专利奖"。从金大米技术诞生和发展的历程可以看出，最终采取 NGO 专利运营模式与研究项目获得洛克菲勒基金会、ETH、欧盟和瑞士联邦教育科学办公室等众多公共机构的资助支持是密不可分的。可以说，该项技术自诞生即带着公益的色彩。此后，先正达公司介入，共同成功研发第二代金大米，大幅提高维生素 A 含量，为该项技术造福人民迈出关键一步。由此，如何平衡和保障先正达公司作为私营部门的利益也成为项目成功的重要因素。主要有 3 个因素促使先正达公司"捐献"专利技术：一是原始发明人的专利许可，二是捐献行为带来的公司声誉能产生间接的收益，三是免费许可的地域和用途还是有限制条件，限于发展中国家和人道主义用途。

　　此外，该案例再次印证了专利丛林现象愈演愈烈，已经不仅限于人们常认为的半导体、通信等领域，生物技术领域同样如此。在涉及 30 多个公司或研究机构专利权人的情况下，发明人积极倡导，建立项目组织和包括有关各方在内的负责决策的委员会，以专利池的方式克服专利阻碍，推动技术实施。金大米项目的成功离不开两位教授发明人的不懈努力，从案例过程看，两位发明人最终也没有巨额的回报。我国高校、科研机构要想推动类似的 NGO 运营项目，首先面临的可能还是动力机制的问题，有待政府通过相关政策予以引导和规范。

　　总之，NGO 专利运营模式主要还是适于 NGO 充分活跃、具有足够影响力的领域，作为一种 NPE，一定程度上可以为 NPE 正名，但 NGO 运营模式的推广复制还存在较大的障碍，需要更广阔的土壤（NGO 发展）和更强大的动力（利益机制）。

5　第四代移动通信专利池许可案例

一、第四代移动通信专利许可公司概况

自从民用移动通信系统诞生以来，专利池一直是影响产业发展的重要因素。第四代（4G）移动通信系统发展和专利池密切相关。4G 的主流技术是 LTE 技术，目前主要的 LTE 专利池的商业管理机构是维亚许可公司（Via Licensing Corporation）和希思卫许可证公司（Sisvel società per Azon）。

维亚许可公司是杜比实验室（Dolby Laboratories Inc.）旗下全资子公司，拥有 40 余年的技术授权经验。维亚许可公司致力于代表音频、广播、无线和汽车等市场的创新技术公司对强制性、非官方和新标准的授权计划进行开发与管理。维亚许可公司指出，将与 AT&T、美国科维、美国数字播放集团专利许可公司、惠普、KDDI 株式会社、NTTDOCOMO、韩国电信、意大利电信、西班牙电信以及中兴一起通过专利池提供标准必要专利。在中国移动和德国电信加入后，维亚许可公司专利池的影响力进一步扩大。

LTE 的另一个专利池由希思卫许可证公司管理。该公司于 1982 年成立于意大利，在管理知识产权、最大限度提高专利权价值方面是一家世界领先的公司。希思卫集团业务范围遍及全球，设立有分公司的国家包括意大利、美国、中国、日本和德国，并在全球拥有具有技术、法律和授权专长的 70 多名专业人才。

二、第四代移动通信专利许可案例背景

在 2G 时代，移动通信领域的标准包括欧洲电信企业主导的 GSM 标准和美国高通公司主导的 CDMA 标准。近 10 年来，我国通信企业及研发机

构逐渐认识到将自有专利技术纳入标准中的战略意义及重要性。在 3G 时代，我国企业参与了由美国高通公司主导的 CDMA 2000 标准及欧洲企业主导的 WCDMA 标准制定过程，开始有一些专利技术纳入标准中。例如 ETSI 披露数据显示，华为技术在 WCDMA 标准中的基本专利量约占 6.15%，排名第五位。在我国政府、中国通信标准化协会和我国通信企业的共同努力下，我国通信技术不断增强，具有自主知识产权的 TD－SCDMA 技术进入国际标准，成为三大主流技术标准之一。我国通信企业持有标准中的专利数量达到 70%～80%。

当前，移动通信业务快速地从 3G 向 LTE 演进，例如，2010 年 12 月，日本 NTT docomo 发布了第一款 LTE 业务手机，到 2013 年 4 月，用户数超过了 1200 万。2013 年 12 月，我国工业和信息化部向运营商正式发放了 4G 牌照，标志着中国电信产业正式进入了 4G 时代。在 4G 时代，我国企业向 3GPP、3GPP2、ITU、ETSI 等国际标准化组织提交大量提案，将相关技术纳入国际标准中。下面将介绍 LTE 专利池的构成和发展历史。

三、第四代移动通信专利许可案例过程

国际电信联盟发布的第三代标准有 WCDMA、CDMA 2000 和 TD－SCDMA 三种。CDMA 2000 是由美国高通北美公司提出的，韩国主推。美国高通公司是最先涉足 3G 领域的公司，也是目前拥有 3G 技术专利最多的公司，3G 技术的三大标准也都是在 CDMA 技术基础上开发出来的。WCDMA（即宽带码分多址）是由欧洲提出的宽带 CDMA 技术，日本主推。在 3G 技术三大主流标准之中，TD－SCDMA（即时分同步码分多址）是我国具有核心自主知识产权的国际标准。TD－CDMA 是西门子提出的标准，但是未进行实验验证就因为欧洲统一采用 WCDMA 而被淘汰。大唐提出 TD－SCDMA 标准后，进行改进、实验验证、建设实验网直到后来大规模组网，在 TD－SCDMA 芯片等方面形成大量核心专利。2000 年国际电信联盟正式公布第三代移动通信标准，3G 专利申请量逐年快速增长。3G 专利申请量排名前 15 位的企业分别是高通、爱立信、诺基亚、NTT、三星、LG、中兴、华为、交互数字（Interdigital）公司、松下、摩托罗拉、NEC、阿尔卡特、富士通、NEC。由于我国企业推出 TD－SCDMA 节省了专利费，降低了手机成本。TD－SCDMA 的手机价格普遍低于 WCDMA 手机。

第四代移动通信系统技术是在第三代技术上发展起来的。起初有 3 个 4G 标准：中欧合作的 LTE 标准、美国的 UMB 标准和 WIMAX 标准。UMB 从 CDMA 演进而来，是美国高通为首的企业提出的 4G 标准，WIMAX 则是以美国 Intel 为首的企业提出的采用时分技术的 4G 标准。LTE 标准是中欧合作排斥美国高通达成了欧洲主导 LTE FDD、中国主导 LTE TDD 的结果。2007 年 11 月，3GPP RAN1 会议通过了由中国主导提出的融合帧结构，取代了原来的 FDD 和 TDD 帧结构。新的融合结构保持了与原 TDD 的兼容，使中国成为 LTE 演进方向的主导。从融合帧结构开始，中国企业在 LTE - TDD 时分空口等方面的专利比重加大，TDD 空口帧结构核心专利由中国企业拥有（参考 CN200710175463.1：一种通信方法和装置），另外在 LTE TDD 被冠以中国提出的 TD - LTE 名称。

TD - LTE 的专利群实际上分为两个部分，LTE 技术与 TD 技术，在 TD 技术方面由于中国在 3G 时代积累了 TD 核心技术[❶]，在与日本、韩国争夺 TD - LTE 的标准制定权中赢得胜利，有理由将更多的 TD 技术延续到 4G 标准中，以巩固中国在 TD - LTE 中的专利权，例如多天线技术等（也将延续到 5G 标准中）。即使是在 LTE 技术方面，中国企业也有明显的比重，根据 ETSI 披露的 LTE 基本专利显示，截至 2010 年底，中国企业 LTE 专利申请量首次超过美国，排名世界第一。中兴、华为等具有国际影响力的通信设备企业，已经具备了与国外通信巨头进行谈判的筹码，以及交叉许可的能力。据 ETSI 披露，截至 2012 年数据显示，大唐在 LTE 专利份额中占有 5.1%，而华为占 7.7%，中兴占 6.7%。在台湾"国研院"分析的截至 2013 年全球企业 LTE 专利分布中，华为以 603 件 LTE 专利居全球第三位，中兴以 368 件 LTE 专利居第七位，大唐以 270 件 LTE 专利排第十位。截至 2014 年，从 ETSI 的网站上获得向 ETSI 声明的专利数据，按照专利家族组合以后，筛选有效数据总数为 5919 项专利。提出声明的企业有 49 家，占

---

❶ 部分核心专利举例：

CN200610080020：长期演进网络的用户设备在相异系统间的切换方法。

CN200710118155：智能天线与多输入多输出天线的复用天线系统和方法。

CN200710175822：无线电基站中的数据交互方法、设备及系统。

CN200720192597：TD - SCDMA/GSM/CDMA 综合网络质量远程智能实时监测系统。

CN200810002340：LTE TDD 系统的特殊子帧内特殊时隙的配置方法和装置。

CN200810069703：TD - SCDMA/HSDPA 多码道传递的方法。

CN200810071859：TD - SCDMA、WLAN 与 GSM 三网的室内覆盖合路技术。

CN200810090306：用于测量 3a 事件的 TD - SCDMA 信号评估方法及 3a 事件测量报告方法。

CN200810183296：TD - SCDMA 智能天线展宽频段方法。

前几位的公司声明数据为：高通（655 件，11.1%）、三星（652 件，11.0%）、华为（603 件，10.2%）、诺基亚（505 件，8.5%）、交互数字公司（418 件，7.1%）、爱立信（399 件，6.7%）、中兴（368 件，6.2%）以及 LG（317 件，5.4%）。声明不限于这些主要企业。

2008 年 4 月，包括阿尔卡特 - 朗讯、爱立信、NEC、Next Wave Wireless、诺基亚、西门子、索尼爱立信等企业，作为专利权人表示支持发展 LTE/SAE 专利池。

2010 年 2 月，希思卫许可公司主持召开 LTE/SAE（长期演进/系统架构演进）必要专利所有者会议，商讨创建一个 LTE/SAE 专利池。有超过 20 家公司正在参与由其推动的 LTE/SAE（长期演进/系统架构演进）专利池的筹建。LTE 专利池筹备会议的参与者包括了电信公司（设备供应商、网络设备提供商和运营商）、消费电子和集成电路制造商，以及来自中国、日本、韩国、欧洲和北美的研究机构。2010 年 2 月，维亚许可公司与来自 8 个国家的 14 个 LTE 专利拥有者在旧金山举行了会议，宣布建立一个联合的专利授权计划框架，以支持全球采用 LTE 标准。专利管理公司开始竞相构建 LTE 专利池，它们至此开始吸纳知识产权持有人加入 LTE 技术专利池。

希思卫许可公司的 LTE 专利池。加入希思卫许可公司 LTE 专利池中的企业及组织包括欧洲最大的 TETRA 数字集群通信系统和设备提供商欧洲宇航防务集团（Cassidian）、电信科学技术研究院、韩国电子与电信研究学院（ETRI）、法国电信、TDF 及 KPN，这个专利池中还包括希思卫许可公司向诺基亚收购 450 多项专利及相关应用。收购的这些专利及相关应用涵盖广泛，主要应用在移动通信设备及服务中。希思卫许可公司称，专利池向所有拥有 LTE 基本专利的企业开放，根据一定的标准条款和条件，专利池权利人向使用者收取每个设备 0.99 欧元的使用费。

维亚许可公司的 LTE 专利池。维亚许可公司于 2012 年 10 月 3 日，宣布推出的 LTE 专利池，参与的公司有 13 家，包括：AT&T、中国移动、Clearwire 公司、德国电信、DTVG 许可、Google、HP、NTT DOCOMO、KDDI 公司、韩国电信、意大利电信、西班牙电信和中兴。维亚许可公司表示，越来越多的专利持有人可能在未来加入这个专利池。用户可通过维亚许可公司的 LTE 专利池以优惠的价格方便地使用维亚许可公司成员的 LTE 必要专利。

然而，目前 LTE 相关专利拥有量较多的公司高通、华为和三星还未参与上述两个专利池。

四、第四代移动通信专利许可模式分析

移动通信专利池的主要运作模式是商业运营。利益是专利池形成的动因，故其管理的核心就是有关专利许可的定价。定价是专利池运转的关键环节，不仅关系到联盟成员的利益，还影响到最终用户，直接决定了标准的发展。

例：维亚许可公司专利许可费标准❶

通用终端产品　　　　　＄2.10～3.00/台　　按量分段计价

数据终端产品　　　　　＄1.05～1.50/台　　按量分段计价

HomeeNodeB 产品　　　＄1.60～2.00/台　　按量分段计价

专利池对 LTE 标准必要专利的所有权人开放参与许可程序的机会，任何组织如认为其持有 LTE 标准必要专利，都鼓励其提交评估。当评估通过后获得入池的资格，专利评估的结果会反映在专利权人对专利池享有的权益（见图 4 - 5 - 1）。

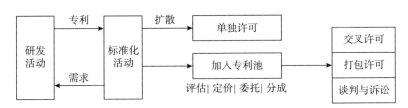

图 4 - 5 - 1　专利权企业专利运营模式

理论上，专利许可模式有单独许可模式、交叉许可模式、联合许可模式、混合许可模式（见图 4 - 5 - 2）。单独许可是指专利权人在标准化组织之外，独立地进行专利许可。通过专利池运营机构，专利权人之间可进行横向许可（交叉许可），也可以统一许可条件向第三方开放进行横向和纵向许可（联合许可）。混合许可模式则是专利池成员既进行交叉许可，也委托经营机构负责对外的许可。

专利池作为一种由专利权人组成的专利许可交易平台，"专利许可"构成联盟的核心内容和各公司利益实现的渠道。专利池经营机构公开要

---

❶　［EB/OL］．［2016 - 05 - 30］．http：//www.vialicensing.com.cn/licensecontent.aspx？id = 1538.

求，制造、销售 LTE 设备或元件的组织，或其他标准实施者应联络该机构获得有关专利权的信息，要求它们向其索取专利许可协议。

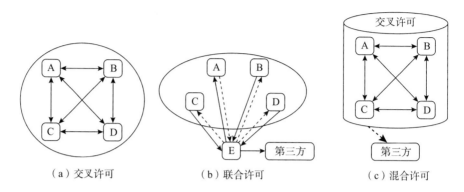

（a）交叉许可　　　　　（b）联合许可　　　　　（c）混合许可

图 4 – 5 – 2　专利池经营机构的许可模式

专利池运营机构对外通常实行一揽子打包许可。专利池经营机构将提供一个高效的许可程序，评审和执行一套标准的协议，从而避免多个权利人分别进行协商和交易。尤其是在涉及标准必要专利时候，统一专利许可使标准的使用者一次交易就能够从多家机构获得必要专利的使用权。专利许可能够包含所有必需的专利权。

专利池经营机构不仅全权代表专利池统一对外许可，还会处理有关专利纠纷谈判和诉讼事务。由于提供无歧视的标准条款，通过专利池，经营机构能够确保恰当的市场权利和公平的竞争环境。

五、案例亮点及收益分析

移动通信专利池的效益，首先从历史经验来看。对中国产业影响较大的是 GSM 联盟。1982 年欧洲邮电管理委员会发起 GSM 计划，承诺 1991 年起提供 GSM 移动通信服务。在标准制定阶段为了解决 GSM 标准中的专利权问题，摩托罗拉、诺基亚、爱立信、西门子和阿尔卡特结成专利池，交叉许可实现技术共享。GSM 专利池获得了巨大的市场优势。1994 年以后所有的设备都是由参与交叉许可的公司提供，而那些无法得到许可的企业被排斥在手机市场之外。到 1997 年，专利池公司占据了 GSM 基础设施和终端市场的主导地位，他们拥有欧洲市场 85% 的份额，估计超过 1000 亿美元。为了获得了全部许可证，专利使用费占到 GSM 手机成本的 29%。这样高昂的成本使其他企业难以参与竞争。GSM 用户基数迅速扩大，大多数国家都选择了 GSM 系统。第一个 GSM 商业产品出现后仅 5 年，包括亚洲和美洲大陆的许多电信运营商都成为 GSM 这一巨大市场的一部分。GSM在中国市场的成功，也使摩托罗拉、诺基亚、爱立信、西门子和阿尔卡特在中国成为家喻户晓的品牌。第三代移动通信技术兴起以后，尽管 GSM 技术向第三代过渡有较大的难度，但仍然在世界移动通信市场上占据主导地位。

历史经验表明，持有标准必要专利的企业结成联盟，能够形成巨大的经济效益。关于标准必要专利持有人的市场地位，目前国内的一部分法律评析认为，在标准必要专利背景下，在特定国家司法管辖范围内，无线通信技术标准中的每一项必要专利许可市场，均形成一个独立的相关市场。基于标准中每一项必要专利的唯一性和不可替代性，标准必要专利权人在每一项必要专利许可市场均拥有完全的份额，具有阻碍或影响其他经营者进入相关市场的能力，因此，在相关市场中具有市场支配地位。

另外，世界贸易组织的《技术性贸易壁垒协定》（TBT）和《与贸易相关的知识产权协议》（TRIPS）构成了国际贸易中技术标准与专利相结合的国际法律渊源。一方面，TBT 旨在削弱技术性措施被作为非关税壁垒的作用，以扩大贸易自由；另一方面，TRIPS 强化了知识产权执法程序和保护措施，为国际范围内知识产权保护规定了最低措施。跨国贸易的技术企业以 TBT 为"矛"，实现技术和产品的市场扩散；以 TRIPS 为"盾"，实现核心技术的跨国保护。以国际标准化组织（ISO）、国际电工委员会（IEC）和国际电信联盟（ITU）制定的国际标准中纳入专利的情况可以反映出：由于技术的发展，拥有专利的主体积极参与国际标准的制定，利用标准纳入自己的专利占领市场并取得利益是不可避免的趋势，而且这种趋势将继续持续。

咨询机构 Cyber Creative Institute 对 ETSI 声明的 LTE 必要专利总数按照所评估的必要专利的比例计算后，高通必要专利数量最大（318 件），接着是华为（273 件）、中兴（253 件）、诺基亚（245 件）、LG（237 件）、三星（233 件）、NTTdocomo（211 件）、交互数字（206 件）、爱立信（177件）、中国信息产业部电信研究院（141 件）以及摩托罗拉（111 件）。

上述企业中，高通作为 CDMA 技术产业的先驱，拥有相关必要专利权。高通 2014 年年报表明，高通一年专利许可的净利达 66 亿美元，利润率为 87%。交互数字声明其拥有 2G、3G、4G 标准下的大量必要专利。公司不进行任何实质性生产，仅以专利许可作为其经营模式。在其 2011 年年报中称："拥有超过 19500 项无线通信技术的专利和专利申请之专利组合，从全世界销售的一半 3G 移动设备中取得许可费收入"。高通和交互数字均未加入本案的专利池，而是以单独许可的方式进行专利权经营。

维亚许可公司认为，其经营的专利池由于将多个专利权人的必要专利一起许可简化了许可程序、提高了定价的透明性，为 LTE 技术的被许可人提供了公平的竞争环境。像 LTE 这样的高标准技术需要大量投资并进行卓有成效的研发才能实现，这些努力的成果总是会被一个或几个技术创造者所保护。为了使技术能够被广泛地采用，大多数标准化组织的专利政策要求企业在标准制定过程中贡献可能的必要专利，并给予无歧视的许可。

维亚许可公司和希思卫许可公司的 LTE 专利池，把多家创新者的专利权合并为一个供应品，LTE 专利许可协议使被许可人可以使用所有参与授权者的专利，这些专利权都是实施 3GPP LTE 标准的必要专利。通过一次高性价比的交易就可以实现了。它们宣称其 LTE 专利池提供了透明和无歧视地应用 LTE 必要专利的机会，许可费公平、性价比高，能够促进和鼓励这项重要技术及相关无线通信市场的发展。这样能够满足专利权人和 LTE 产品及服务提供商两方面的需求。

 案例点评

移动通信产业是典型的标准主导型产业，通信要实现互联互通，必须依赖技术标准。移动通信产业专利池的核心问题是标准必要专利的运用。发达国家和跨国公司力求将专利变为标准以获取最大的经济利益，标准化成为专利技术追求的最高形式。纳入标准中的知识产权，使知识产权的作用范围从单一技术问题扩展到整个标准所作用的产品或产业，可能成为单个企业或企业联盟垄断市场的工具。例如，高通作为 CDMA 技术产业的先驱，拥有相关必要专利权。相关标准成为国际标准后，市场扩散到我国。该公司和我国多家电信设备制造商签署商用 CDMA 用户终端设备（手机）和基站设施许可协议。我国工业和信息化部和高通对在中国生产 CDMA 标准手机的谈判中，高通的专利许可费开价是每部手机 360.80 元人民币，按照中国 3 年能够生产 2800 万部 CDMA 手机计算，专利费可达 104 亿元人民币。高通 2014 年年报表明，高通一年专利许可的净利达 66 亿美元，利润率 87%。

由于专利和标准化之间在权利属性和运用上有一定冲突，为了确保标准化技术广泛地传播，同时鼓励企业创新的积极性，有以下几种方法：

第一种方法是提高标准化组织的自我监管机制，增加透明度和专利技术无障碍应用。许多标准化组织已通过专利政策，如"公平、合理和无歧视"（FRAND）原则，鼓励早期披露专利信息、尽可能得到专利持有人许可的承诺。但 FRAND 原则面临的主要问题是：如何量化许可费率、对权利人的不许可行为如何处理、在先披露许可费条件的合法性等。专利信息披露政策的主要问题是：如何规范专利信息披露政策的程度和范围，对不披露行为如何定性和处理，其法律后果如何考量等。例如，考查 ITU、ISO、IEC 的专利政策，具体实施方式为"专利声明和授权声明"；ETSI 专利政策的具体实施方式是"知识产权信息声明和许可声明"；IEEE - SA 专利政策的具体实施是"（授权）保证书"。但这些标准化组织的专利政策中都没有违反专利政策的责任条款、不要求成员进行专利检索的义务、不处理专利许可费争端。标准化组织一般要求在 FRAND 许可、免费许可、不许可中进行选择，有的组织要求免费许可（IETF）。有的组织制定了不能取得许可时的策略（ETSI），有的组织还包含转让条件下的继承义务（IEEE - SA）。

第二种方法是通过专利法或反垄断法的诉讼措施解决问题。例如，滥用市场主导地位固定许可费的情形，国际上有代表性的法规包括：2013 年 1 月，美国司法部和美国专利商标局关于标准必要专利权利人基于 FRAND 原则下获取救济的政策声明，对标准必要专利权利人的"专利挟持"行为对竞争可能造成的影响，以及权利人能否通过申请禁令获取救济进行了分析；2007 年，日本公平交易委员会颁布了《知识产权利用的反垄断法指南》；2011 年，欧洲委员会发布《企业间横向合作协议的反垄断评估指南》，增加了关于技术标准制定领域的竞争法适用规则，包括标准必要专利的披露和许可，以及判断"合理"专利授权费用的参考方法等。我国的相关法规规章包括：中国国家标准化管理委员会、国家知识产权局于 2013 年发布的《国家标准涉及专利的管理规定（暂行）》，包括披露义务、许可原则、权利人不许可时的对策；国家工商行政管理总局于 2015 年 4 月颁布的《关于禁止滥用知识产权排除、限制竞争行为的规定》，提出经营者不得在行使知识产权的过程中，利用标准（含国家技术规范的强制性要求）的制定和实施从事排除、限制竞争的行为，具有市场支配地位的经营者没有正当理由，不得在标准的制定和实施过程中实施排除、限制竞争行为。

近年来，我国在行政、司法等方面对标准必要专利的权利人的行为进行了规制，比如，实施过高定价、歧视性定价、搭售等滥用市场支配地位的行为。2013 年 10 月，广东省高级人民法院终审审结华为诉交互数字的标准必要专利反垄断案，判决赔偿原告经济损失 2000 万元人民币。认定被告方在中国和美国拥有 3G 标准必要专利，被告拟授权给原告的专利许可费远远高于苹果、三星等公司，还强迫原告方给予其所有专利的免费许可，存在过高定价和歧视定价的行为；利用其必要专利授权许可市场条件下的支配地位，将必要专利与非必要专利搭售，属于滥用市场支配地位的行为。2013 ~ 2014 年，中国政府对高通滥用在 CDMA、WCDMA 和 LTE 无线标准必要专利许可市场等实施垄断行为进行调查，通过行政途径对滥用市场支配地位的标准必要专利持有进行约束。2015 年 1 月，国家发展和改革委员会发出的处罚通知，认定高通在无线标准必要专利许可市场和基带芯片市场具有市场支配地位，并且滥用支配地位收取不公平的高价专利许可费、搭售非无线标准必要专利许可、在基带芯片销售中附加不合理条件，责令高通停止滥用市场支配地位的违法行为、罚款 60.88 亿元人民币。

第三种方法是在市场中寻求务实和切实可行的解决方案，如通过专利池以减少交易成本，或通过交叉许可协议避免双方的专利相互遏阻。在标准化组织内部，首先要加强标准化组织成员在标准制定过程中的专利信息披露，并建立标准制定过程的专利调查机制，将标准化组织的专利调查报告作为标准的附件，反映知识产权状况以提示标准的使用者关注相关产业领域的知识产权（但并非判别必要专利，也不代替成员的披露义务）；其次，在专利可能进入标准时，在标准制定过程中充分协商，完善技术争议协调机制，从技术先进性、技术可替代性（理论基础是 WTO 的 TBT 协议，性能原则优先而不是方案原则优先，凡有替代技术则列明）、技术经济性（评价其社会效益而不是个体成员的利益，理论基础是法经济学）三个方面进行科学决策。在标准化组织外部，除健全行政和司法解决的途径之外，支持建设第三方运营机构，进行商业条款的协商和许可交易。这样，新进入市场的企业，当其要遵循相关技术和产品标准时，可以与专利运营机构谈判入门费，对于降低交易成本、促进专利运用、避免滥用市场支配地位具有积极意义。因此，借鉴维亚许可公司和希思卫许可证公司的经营模式，学习专利池管理经验，对我国现阶段高技术产业发展，促进知识产权的运用和保护具有巨大的现实意义。

军工企业篇

1　国防科技大学计算机整机专利委托运营案例

2　航天长征化学工程股份有限公司航天粉煤加压气化专利许可案例

篇 首 语

面对全球新一轮科技革命与产业变革的重大机遇和挑战，面对经济发展新常态下的趋势变化和特点，我国基本完成了创新驱动战略顶层设计，提出了建立完善知识产权转移转化和保护机制。同时，我国逐步完善了军民融合深度发展的战略部署，出台了加快科技服务业发展、促进知识产权运营服务工作、推进大众创新创业等配套政策。这为国防领域的专利转移转化工作带来了十分有利的政策环境。

近年来，我国的国防知识产权成果增长迅速，以国防专利为例，2012年的国防专利申请量比 2010 年增长了 36%，除此之外，还有大量以技术秘密形式进行保护的国防科技成果。但是，大量的国防知识产权在武器装备科研生产领域应用实施后，却未能有效地进入民用科技创新和产业发展环节，如何将国防军工单位的知识产权推广和转化到民用领域，解决国防知识产权转变为支撑国家经济和社会发展"现实生产力"的"最后一公里"问题，仍是国防知识产权工作的焦点和难点问题。因此，需要在实践中加快探索适应国防军工体制特点的专利转化和运营模式，逐步解决制度和政策障碍，推动国防军工领域的知识产权服务国家科技创新和经济建设，实施转移转化是加快落实军民深度融合发展战略的有力举措和必然选择。

本部分选取了军工企业和军队院校两类典型机构的军转民案例，归纳出了依托知识产权服务机构"第三方运营"、基于国防知识产权成立公司独立运作的可行转化模式，体现了利用知识产权制度激励创新的作用，希望对关注和从事国防知识产权"军转民"转化的读者带来启发和借鉴。

1 国防科技大学计算机整机专利委托运营案例

一、国防科技大学概况

国防科技大学是隶属于中央军委的、军内唯一的"985"院校，是我国军事科研的最高学府，先后承担和主持研制了银河巨型计算机、天河超级计算机、飞腾处理器、银河麒麟操作系统等一系列国家重大科研项目，在自主可控领域取得了一系列重大科技成果，是我国国防科研的创新高地和人才培养高地。

二、计算机整机专利委托运营案例背景

湖南长城银河科技有限公司（以下简称"长城银河"）是根据中国电子信息产业集团公司战略规划，由其旗下长沙湘计海盾科技有限公司依托国防科技大学的雄厚技术基础和优势，与湖南省产业技术协同创新研究院（以下简称"省创新院"）共同出资成立的高新技术型企业，公司以打造高性能、高可靠的自主可控计算机产品为目标，致力成为党政军信息安全建设的顶尖服务商和领导者。❶

省创新院是湖南省政府依托国防科技大学组建的公益二类事业单位，承担着对接国防科技大学科技成果转移转化和知识产权运营服务、促进军工技术产业化、推动区域军民融合深度发展和区域经济建设的重任。

军民融合战略是我国长期探索经济建设和国防建设协调发展规律的重大成果，也是从国家安全和发展战略全局出发作出的重大决策。目前，

---

❶ 湖南长城银河科技有限公司官网．［EB/OL］．［2016-05-30］．http：/www.gwi.com.cn/html/cc/zcyhkj/index.html.

"全要素、多领域、高效益"的军民融合深度发展格局正在逐步形成。按照中央精神和部署，军地双方要从大局出发，树立一盘棋思想，搭建更多的平台把军地科技资源有效地利用起来，促进资源高效、优化配置。2014年12月国务院发布的《国务院办公厅关于加快应急产业发展的意见》也明确指出"鼓励充分利用军工技术优势发展应急产业，推进军民融合，加快知识产权运用和保护，促进应急产业科技成果资本化、产业化"。所以，积极推进国防科技大学等军队科研院所先进技术以知识产权为纽带融入国家重点产业发展，推动产业领域军民融合基础建设，促进产业发展，符合当前的形势要求和需要。

面对复杂的国内外安全形势，特别是信息安全领域的自主可控是我国当前面临的一项重大课题。国防科技大学作为在国内操作系统、集成电路设计、体系结构等计算机全领域的技术领先者，积累了大量的技术成果。但国防科技大学作为军队序列的大学，无论从大学精神还是军方身份，均不适合直接面向市场，无法以有效的模式推进相关技术产业化。国防科技大学从事科技成果转化和知识产权运营所面临的具体的约束条件如下：（1）由于"军队不经商"的政策红线，按照目前的政策环境，国防科技大学不能直接将知识产权作价入股企业。这一点不同于军工集团。军工集团的知识产权由于其本身就是企业，以知识产权参股是比较可行的操作模式。（2）由于编制体制的原因，学校也无法像地方大学一样成立具有独立法人的资产管理公司、技术转移中心和孵化器公司等实体。（3）由于"军人不能经商"的政策红线，军人也不能持有公司股份。由于军队关于资产和资金管理的一系列政策约束，目前也无法实施《促进科技成果转化法》所规定的转化受益奖励比例等政策。所以，军队科研人员无法像地方科研人员一样享受创新驱动发展战略和知识产权激励政策所带来的政策红利。

在国家知识产权战略、军民融合战略和创新驱动发展战略三个重大战略叠加的重要时期，如何以创新的思维和创新的模式推进军队科研院所科技成果转化是摆在军队科研院所和地方政府面前比较现实的问题。省创新院的成立为打通军队科技成果转化和专利技术产业化搭建了一个崭新的知识产权运营平台。在经过广泛政策调研的基础上，省创新院坚持"遵循创新、不碰红线、依法运营、先行先试"的原则，探索了一条适合军队科研院所科技成果转化的"知识产权第三方运营"的新模式，为推动军民融合协同创新体系建设和国防知识产权运营作出了一定的贡献。

三、计算机整机专利委托运营案例过程

2014 年 12 月，湖南省出台了《关于支持以专利使用权出资登记注册公司的若干规定（试行）》，为军队科研单位等特殊法人的专利运营提供了更加宽松的政策环境。

2015 年 1 月，湖南省人民政府与国防科技大学为落实双方签署的全面科技合作协议，召开了首次产业技术协同创新联席会议，会议确定将自主可控计算机整机产业化作为重大项目之一。

2015 年 4 月，国防科技大学将计算机整机相关技术（技术秘密）及专利以资产托管的方式委托省创新院运营管理。

2015 年 5 月，省创新院以国防科技大学委托运营的知识产权出资，与长沙湘计海盾科技有限公司等联合注册成立了长城银河。公司注册资本5000 万元，其中知识产权（专利使用权）出资 1500 万。鉴于《公司法》规定的注册资本出资是认缴制，故双方在出资协议中约定了最后出资期限。用于出资的知识产权中，已申请获得专利授权的专利有 3 项（分别为ZL201210083040.8：多链路并行边界扫描测试装置及方法；ZL201210083122.2：刀片服务器控制方法及控制台；以及 ZL201310096798.X：一种固态盘的缓存管理办法）。目前，科研团队对相关技术进行梳理，对适合用于专利出资的技术正在部署专利申请中。

2015 年 8 月，长城银河首批计算机在长沙正式下线，并交付军方使用，受到用户单位普遍好评。"长城银河"计算机与国内外主流计算机相比，可以媲美主流产品的运行速度和效果，具有人脸识别登录、自毁、加密、传输、认证等自主可控功能，而且保密性更强。

四、计算机整机专利委托运营模式

在转移转化模式设计上，在坚持"不碰红线、遵循创新、先行先试、规避风险"的原则下，提出了知识产权"第三方运营"的创新模式，该模式遵循的原理是针对知识产权这一无形资产的特点和科技成果转化的特点规律，国防科技大学将知识产权"所有权"和"经营权"相分离，以契约形式保证国防科技大学知识产权"所有权"的基础上，将"经营权"委托给省创新院来实施。这样的模式设计，既回避了"军队不经商"和"军队

国有资产流失"的红线，又实现了利用知识产权制度激励创新的功能，以及依托省创新院推动国防科技大学科技成果转化运用，从而达到促进产业发展和军民融合深度发展的目的。模式设计如图5-1-1所示。

图5-1-1　国防科技大学专利转化基本模式

国防科技大学和省创新院通过协议，将运营的专利转移"过户"给省创新院，由创新院通过转让、许可、出资等方式开展运营。国防科技大学与省创新院之间签订的资产托管协议，由省创新院为国防科技大学"理财"，理的是"知识产权之财"，所得收益双方按约定比例分配。这种模式兼具资产托管的形式和信托的内涵。模式的法律关系如图5-1-2所示。

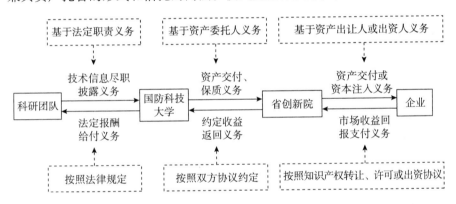

图5-1-2　国防科技大学知识产权第三方运营模式中"四位一体"的双方权利义务关系

该模式涉及四个主体，即科研团队、国防科技大学、省创新院和企业。以及三个基本法律关系，即国防科技大学与科研团队特殊的"人事劳动"关系，国防科技大学与省创新院知识产权资产"托管"关系，以及省创新院与企业以知识产权为要素的产权交易或出资成立实体、合作实现科技成果产业化关系。

从图5-1-2可以看出，由于科研团队与国防科技大学之间特殊的"人事劳动"关系，其复杂的科研职务行为主要受军队内部各种规范调整，同时也受"市场"激励因子影响，但并不能完全按市场来调节。所以国防科技大学必须建立规范的知识产权管理和创新激励措施，否则会严重影响国防科技大学知识产权产出的效率和质量，进而影响以后的知识产权资本化和产业化的质量和效果。

国防科技大学和省创新院之间的委托运营行为是双方作为民事主体基于平等、自愿、公平、诚实守信原则的缔约行为，符合国家和军队法律法规。国防科技大学基于对省创新院的信任，将知识产权资产委托给其运营，并将知识产权所有权"过户"给第三方。这种"委托"是以实现知识产权价值为目的、特殊的资产委托运营关系。鉴于国防科技大学知识产权资产和省创新院资产同属国有资产范畴，所以理论上是国有资产相互的转移，并不会引起关于国有资产流失的巨大争议。但实际的操作中，这种模式会面临诸多监管层态度、财务处理方面的问题。需要指出的是，省创新院在运营过程中应有规范、清晰的财务制度，确保运营过程中受托资产及其收益的相对独立。

省创新院与企业之间以知识产权转让、许可的形式，或者以知识产权资产出资的形式，均是按照市场化规范实现知识产权价值的商业行为。其中省创新院用于交易的"资产保质"或用于出资"资本质量"的相应义务，可以约定由国防科技大学以进一步的技术支持来承担。为了降低运营风险，也可以引进知识产权保险等方式，确保运营效果。

五、案例亮点及效益分析

长城银河自主可控计算机整机的产业化，是在湖南省政府和国防科技大学的政策引导下，在国家和军队现有的政策环境下，以知识产权运营模式创新实现了专利技术产业化。科研团队和企业在短短几个月内，利用原有的密切合作关系和技术积累紧密对接，边组建、边设计、边生产，首批计算机按期交付军方正式使用。满足了军队信息化安全建设的急需，有效地支撑了重点领域和重点行业的国家安全战略部署，在军事效益、经济效益和社会效益等方面均取得比较好的效果。

从军队科研激励政策角度，该案例专利运营的最终收益处置，回避了有关军队有偿服务的争议，可以按照《促进科技成果转化法》《专利法》等国家有关法律以及军队的有关政策对职务发明人和为成果转化作出贡献人员的实施奖励，有助于营造激励创新、促进国防科研可持续发展的良好环境。

从资产管理视角来看，该案例创新了军队科研院所知识产权资产管理模式，丰富了知识产权资产管理理论内容，为实现军队知识产权等国有资产的保值增值提供了借鉴。

从运营模式视角来看，该案例开创性地提出了知识产权"第三方运营"的概念，解决了长期困扰军队科研院所科技成果有效转化的通道和平台问题，为促进军队科研院所专利技术转移转化、推动军民科技协同创新体系建设和加强国防知识产权运营提供了有效支撑。

 **案例点评**

该案例的专利转化主体是隶属于中央军委的高校，也属于国防科研机构，拥有大量的专利技术成果，但是在专利转移转化过程中受到了"军队不能经商""军人不能持股"以及其他体制机制因素制约，难以采用常规的民用领域的专利转化方式开展专利运营工作。因此，在此背景下，该案例的专利转化主体坚持了"遵循创新、不碰红线、依法运营、先行先试"的原则，探索了一条适合军队科研院所知识产权成果转化的"知识产权第三方运营"的新模式，为推动军民融合协同创新体系建设和国防知识产权运营作出了一定的贡献。

该案例的成功依赖于以下几点：一是注重"政、产、学、研"协同创新，在政府推动下搭建了省创新院，作为开放式创新平台与知识产权运营平台，作为市场主体独立运作专利转化；二是政府配套了促进专利转化的引导政策，例如湖南省通过出台《关于支持以专利使用权出资登记注册公司的若干规定（试行）》，将专利权和使用权合理分离，就专利使用权出资定义、入股比例及条件、监管工作等方面作出了新的界定，从而为国防科技大学专利权托管第三方运营畅通了渠道；三是国防科技大学拥有的知识产权成果资源优势是转化的基础，同时其具有较强的知识产权转化的意愿和积极开展专利转化的态度更是转化成功的关键，主动理解和运用国家政策，才促使专利转化的顺利进行。

此外，该案例尽管通过知识产权"第三方运营"的新模式成功走出了专利转化的第一步，但是现在以及未来可能涉及国防知识产权，这就对知识产权运营的第三方提出了新的要求。同时，《国防科研项目计价管理办法》（计计字［1995］第1765号）尚未将知识产权使用费计入国防科研项目计价成本，导致现实中的项目计价工作中部分内容缺乏相应的规范支持。这些有待于在未来国家出台国防科研项目中的无形资产的评估、计价办法和规范。

总之，国防领域科研机构与高校的专利转化工作任重而道远，不仅需要技术成果方不断创新，创造知识产权成果，更加需要提升国防知识产权服务机构的能力与水平，通过国防领域的知识产权服务业发展，不断推动整个国防领域的专利转化工作发展。

2 航天长征化学工程股份有限公司航天粉煤加压气化专利许可案例

一、航天长征化学工程股份有限公司概况

航天长征化学工程股份有限公司（以下简称"航天长征化工"）成立于2007年6月，隶属于中国航天科技集团公司中国运载火箭技术研究院（一院），拥有航天粉煤加压气化技术的核心技术，该技术通过军工技术向民用领域的转化与延伸，能够将煤粉化后高效转化为洁净的 CO 和 H_2 混合气体，是一种先进的环保技术。该公司有煤气化技术及关键设备的研发、工程设计、技术服务、设备成套供应及工程总承包的综合能力，并已于2015年1月28日在上海证券交易所实现上市，发行了公开股票（代号：航天工程，603698），成为中国航天科技集团公司第10家上市企业。[1]

二、粉煤加压气化专利许可案例背景

航天煤气化技术项目充分利用了航天领域在燃烧、传热、流体动力、结构、振动、旋转机械、阀门自动器、总装、系统工程、控制技术等方面的研制成果和研制条件，具有扎实的技术转化基础。采用航天粉煤加压气化代替现有的常压煤气化后，可应用于煤制合成氨、煤制甲醇、煤制烯烃、煤制乙二醇、煤制天然气、煤制油、煤制氢、IGCC 发电等多个领域。

航天煤气化技术装置投资费用低，并且由于适应多煤种，与固定床技

---

[1] 航天长征化学工程股份有限公司官网. [EB/OL]. [2016 – 05 – 30]. http：//www. china – ceco. com.

术相比，原料煤可由使用优质无烟煤改为使用价格低廉的普通烟煤或褐煤，大大降低装置的生产成本，提升了技术在国内市场的占有率。同时在生产过程中，还能提高煤炭、水、土地等资源的利用效率，实现以最少的资源消耗创造最大的经济效益。采用航天煤气化技术在投资费用上比国外技术节省约 40%，年维修成本节约 50%，按化工装置 20 年使用寿命计算，建设规模 30 万吨/年合成氨能力的装置，其维修成本总计节约 5 亿元人民币，经济效益十分显著。

以生产合成氨为例，通过采用航天煤气化技术进行节能改造，吨氨可节能 0.32 吨标煤。目前合成氨行业大部分采用的是落后的固定床技术，若对现有 1600 万吨落后产能进行整体改造后，每年可为国家减少煤炭消耗折标煤 480 万吨，折合少排放 CO_2 约 1216 万吨，减少排尘 19 万吨，减少硫排放 24 万吨，每年可节约能源成本 47 亿元人民币，可积极推动洁净煤技术的产业化发展，淘汰落后生产能力，抑制产能过剩，加快产业技术升级，优化产业结构，创造巨大的社会效益和经济效益。

该技术转化注重与国内大型煤业、电力或化工集团以及国际能源化工公司合作，以化肥企业技术改造及新建项目为业务基础，重点服务国家其他煤化工产业基地建设。基于技术研发的航天粉煤气化炉，有效打破了国外对我国煤化工市场上技术垄断，满足了我国对自主创新、节能减排先进煤气化技术的迫切需要。

三、粉煤加压气化专利许可案例过程

项目起步阶段选择了安徽临泉化工股份有限公司和河南永煤集团濮阳龙宇公司作为航天炉工业化示范工程依托单位，垫资研发示范工程气化装置，采用炉型均为日投煤量 750 吨航天炉。

2008 年 10 月 13 日，濮阳示范工程投煤成功，产出合格的合成气。2008 年 10 月 31 日，临泉示范工程投煤成功，11 月 2 日打通全部工艺流程，成功产出甲醇。2009 年 10 月，航天炉通过中国石油和化学工业联合会组织的科技成果鉴定。鉴定委员会认为：该装置操作简便、维护方便、煤种适应性广、投资费用和运行成本低、开工率高、气化炉的故障率低。该技术拥有自主知识产权，总体技术处于国际领先水平。

2012 年 10 月，日投煤量 1500~2000 吨航天炉于晋开集团一次投产成功，当年 3 台相同型号航天炉投入运行，各项指标良好。2012 年 3 月，新建成的航天煤化工产业基地投用，占地面积 540000 平方米。

（一）日投煤量 750 吨航天炉

以晋煤中能（原安徽临化）化工 18 万吨/年甲醇（Ⅰ期）和 18 万吨/年合成氨装置（Ⅱ期）为例。该项目于 2009 年启动，以神木煤和晋城长平煤、新疆保利煤、河南新郑煤掺烧为主，掺烧比例一般在 6:4 ~ 5:5，混煤热值约 5600 千卡/千克。

Ⅰ期甲醇生产线运行情况：2010 年单台气化炉累计运行 338 天，共生产甲醇 18.3 万吨，平均吨醇原料煤耗 1.13 吨（折标）；2011 年累计运行 339 天，全年累计生产甲醇 18.9 万吨。2011 年全年考核吨甲醇煤耗指标为 1.08 吨（折标）。2012 年，累计运行 356.2 天，生产精纯 18.08 万吨（部分合成气并入Ⅱ期合成氨项目）。

Ⅱ期合成氨生产线运行情况：2012 年 1 月 5 日实现全流程打通，全年累计运行 351.4 天，全年生产合成氨 22.04 万吨，创造了单炉不间断运行 215 天的纪录。该装置吨氨生产成本约 2200 元，应用了多个煤种，适应性好；装置稳定性好，单次连续运行最长达到 215 天；烧嘴头部设计寿命 180 天（烧嘴最长实际使用寿命为 270 天）；技术支持、备件供应及时，对装置稳定运行起到了保障作用，减少了维护成本；6 个项目中 8 台该型号气化炉已投产。

（二）日投煤量 1500 ~ 2000 吨航天炉

以晋开化工 120 万吨/年合成氨装置为例。

该项目合成氨总生产能力为 120 万吨/年，分两期建设，单系列生产能力为 60 万吨/年；氨加工能力为尿素 3 × 40 万吨，稀硝酸 3 × 27 万吨，浓硝酸 20 万吨，硝铵 3 × 20 万吨，硝基复肥 60 万吨。

该项目由航天长征化工承担工程设计，设计范围包括除尿素、硝酸等氨加工装置外的所有生产装置、公用工程、辅助生产和生活设施，设计内容包括基础工程设计和详细工程设计。

煤气化装置配 4 台 φ3200/φ3800 气化炉，单炉有效气产量 88000Nm^3/h。气化开车时实际采用神木煤与晋城高硫煤掺烧，比例为 8:2（见表 5 - 2 - 1）。

表 5 - 2 - 1　φ3200/φ3800 气化炉运行数据

数据	单位	数值
压力	MPa	3.93
湿气	Nm³	199638
干气	Nm³	116243
氧量	Nm³	28899
总煤量	t/h	58.521
氧煤比	—	0.73
氧耗	Nm³/kNm³	289
CO_2	%	5.47
H_2	%	30.11
CO	%	55.87
N	%	8.0

四、粉煤加压气化专利许可模式

该技术成果转化的方式主要分为专利实施许可及工程设计、设备成套供应等单项业务模式和工程总承包业务模式两大类，技术转化初期主要以专利实施许可及工程设计和设备供应为主，目前逐步向工程总承包业务模式进行拓展（见图 5 - 2 - 1）。

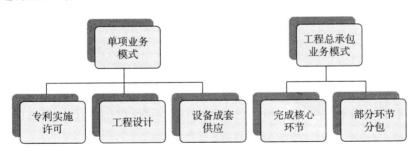

图 5 - 2 - 1　航天长征化工航天粉煤加压气化专利转化模式

（一）单项业务模式

专利实施许可。按照用户的工程项目建设目标要求，以普通实施许可方式许可用户使用航天煤气化装置内从磨煤干燥开始到合成气洗涤完成的一系列相关专利，专利费按照航天煤气化装置日产有效气量计价。

工程设计。提供工程设计图纸和技术文件，包括工艺、管道、设备、土建、仪表、总图布置、公用工程等各个专业。用户根据提供的工程设计图纸和技术文件，自行组织或采取 EPC 等方式进行工程项目的建设工作。

设备成套供应。成套供应以气化炉、气化炉燃烧器为核心的航天煤气化装置专利专有设备。技术持有单位根据用户情况提出的图纸、资料或技术要求，通过合同方式协作配套委托其他单位完成设备制造与总成，并由专门的技术人员进行指导和监督，质量验收后交付用户使用，并对设备质量和性能负责。

通过与专业协作单位合作，形成稳定的设备供应能力。与协作单位签订设备制造合同与总成合同，由协作单位依据公司在技术人员的指导和监督下完成设备加工制造及总成工作，出厂质量检验合格后由技术持有单位交付用户。

（二）工程总承包业务模式

依托自有核心技术，凭借工程设计和项目管理能力，承担煤气化系统的设计、设备成套供应和生产调试等关键环节，土建和安装工程，主要采取分包方式。

五、案例亮点及效益分析

截至 2014 年 7 月底，应用航天粉煤加压气化技术的建设项目共有 32 个，项目地域分布在河南、山东、内蒙古、新疆、福建、贵州等十多个省、自治区，已经签订的合同（协议）达到了 160 多个，涉及的转化金额达到 127 亿元。

目前，日处理煤量 1000 吨级航天粉煤加压气化技术已在 7 个项目中成功开车，日处理煤量 2000 吨级气化炉目前共在 4 个项目中投入运行，9 台气化炉均达产达标，性能稳定。

项目利用中国航天科技集团公司与大企业集团搭建的合作平台，已先后与晋煤集团、永煤集团、龙煤集团、伊泰集团等大型企业集团开展合作。同时也十分注重海外的市场培育，与美国塞拉尼斯公司、美国气体公司的合作已经取得突破性进展，另与中房北美投资集团有限公司签订了美国几个州的航天气化炉产品及技术推广合作协议；与新加坡、印度尼西亚、土耳其、蒙古等国外化工公司的合作正在稳步推进。其中参加了印度尼西亚煤制燃料乙醇项目澄清会，完成了蒙古 MAK 项目投标工作。

该项目是国防军工技术及国防专利向民用领域转移转化的典型案例。存在如下亮点：

一是立足自身优势，市场定位清晰。项目以军用火箭发动机燃烧技术及相关国防专利为基础，强调技术特征与已有军工技术的同源性，立足于充分发挥军工单位在系统项目设计和集成方面的技术优势，在煤气化技术路线上选择了与国外和国内其他单位不同的方式，具有技术密集、效益好、投入大、有发展前景等特点，这是该项目能够与国外和国内其他公司竞争的关键。

二是注重技术创新，强化竞争优势。项目单位不断重视技术创新，航天粉煤加压气化技术由日处理煤量 1000 吨级发展到 2000 吨级，并积极开展了 3000 吨级、4000 吨级新技术研发，技术总体已达到了国际先进水平。这种持续关注技术创新，保持技术领先优势的理念，支撑了公司快速发展和项目在国内外市场的顺利开拓。

三是服务模式多样，覆盖市场需求。项目在转化模式上结合所处行业的特色，灵活采取单项和工程总包等不同方式，基本覆盖了市场对技术转化应用的各类需求。这种以用户需求为核心，根据用户的实际条件，采取最有利于技术转化实施的服务模式，为用户提供整体解决方案的思路，也是项目转化取得成功的关键。

 案例点评

该案例是国防军工技术及国防专利向民用领域转移转化的典型案例，其专利技术来源于军工企业，军工企业为了实现该技术的军转民，专门成立了以航天粉煤加压气化为核心技术的航天长征化工，通过新成立的公司从示范工程、科技成果鉴定、建设产业基地到最终成功上市，采用了从专利实施许可及工程设计、设备成套供应等单项业务模式，拓展到工程总承包业务模式，成功实现了航天煤气化技术产业化，创造了巨大的社会效益和经济效益。

该案例中军工企业成功实现的专利转化，依赖于以下几点：一是专利为企业带来经济效益，需要长远的技术选择、持续的研发投入、高质量的专利积累，例如该案例是立足于长期积累的军用火箭发动机燃烧技术优势、国防专利成果资源优势，创新了一条与现有技术不同的煤气化技术路线，从而具备了军用技术走入民用市场的技术优势、知识产权优势；二是通过孵化新的公司，设计了独特的、以市场需求为主导的专利转化商业模式，例如设计了专利实施许可模式，专利技术持有单位按照用户的工程项目建设需求，以普通实施许可方式许可用户使用航天煤气化装置内从磨煤干燥开始到合成气洗涤完成的一系列相关专利，专利费按照航天煤气化装置日产有效气量计价；三是实施"走出去"战略，注重国际化经营，通过与国外公司签署航天气化炉产品及技术推广合作协议，开展国外的专利技术转化工作。

在此案例基础上，笔者为其他军工企业的专利转化工作提出如下建议：一是高度重视长期的高质量专利积累，专利的长期积累并不仅仅是专利数量的积累，应该开展专利、技术秘密、软件著作权、商标等多种形式的一体化的知识产权积累，民用领域的若干产业同质化竞争的态势非常明显，适合采用以品牌为中心的一体化战略；但是对军品企业来说，更多是面临技术竞争对手，应是以专利为核心的一体化战略；二是研究并制定专利转化商业模式，在确定商业模式之前需进行权衡比较，第一种是专注于企业已有的核心技术研发，凭借自己的技术优势，成为技术授权商；第二种是关注世界前沿技术、关键共性技术、基础技术，根据我国武器装备建设及民用领域转化需求，开展技术应用研发与孵化，对具有潜在商业价值的专利进行储备运营；第三种是持续建造装备制造能力，实现产品制造垂直一体化，从零部件设计到制造的所有环节均一手包办，成为集成产品制造商。

总之，军工企业传统的知识产权管理模式主要是针对军品，其专利转化工作相比较民营企业更具复杂性，只有不断探索新的专利转化模式，在实践中不断总结经验和解决问题，才能真正通过专利转化工作实现专利价值最大化，发展军工经济。

附录一　中华人民共和国促进科技成果转化法

（中华人民共和国主席令第三十二号）

（1996 年 5 月 15 日第八届全国人民代表大会常务委员会第十九次会议通过，根据 2015 年 8 月 29 日第十二届全国人民代表大会常务委员会第十六次会议《关于修改〈中华人民共和国促进科技成果转化法〉的决定》修正）

第一章　总　则

第一条　为了促进科技成果转化为现实生产力，规范科技成果转化活动，加速科学技术进步，推动经济建设和社会发展，制定本法。

第二条　本法所称科技成果，是指通过科学研究与技术开发所产生的具有实用价值的成果。职务科技成果，是指执行研究开发机构、高等院校和企业等单位的工作任务，或者主要是利用上述单位的物质技术条件所完成的科技成果。

本法所称科技成果转化，是指为提高生产力水平而对科技成果所进行的后续试验、开发、应用、推广直至形成新技术、新工艺、新材料、新产品，发展新产业等活动。

第三条　科技成果转化活动应当有利于加快实施创新驱动发展战略，促进科技与经济的结合，有利于提高经济效益、社会效益和保护环境、合理利用资源，有利于促进经济建设、社会发展和维护国家安全。

科技成果转化活动应当尊重市场规律，发挥企业的主体作用，遵循自愿、互利、公平、诚实信用的原则，依照法律法规规定和合同约定，享有权益，承担风险。科技成果转化活动中的知识产权受法律保护。

科技成果转化活动应当遵守法律法规，维护国家利益，不得损害社会公共利益和他人合法权益。

第四条　国家对科技成果转化合理安排财政资金投入，引导社会资金投入，推动科技成果转化资金投入的多元化。

第五条　国务院和地方各级人民政府应当加强科技、财政、投资、税收、人才、产业、金融、政府采购、军民融合等政策协同，为科技成果转化创造良好环境。

地方各级人民政府根据本法规定的原则，结合本地实际，可以采取更加有利于促进科技成果转化的措施。

第六条 国家鼓励科技成果首先在中国境内实施。中国单位或者个人向境外的组织、个人转让或者许可其实施科技成果的，应当遵守相关法律、行政法规以及国家有关规定。

第七条 国家为了国家安全、国家利益和重大社会公共利益的需要，可以依法组织实施或者许可他人实施相关科技成果。

第八条 国务院科学技术行政部门、经济综合管理部门和其他有关行政部门依照国务院规定的职责，管理、指导和协调科技成果转化工作。

地方各级人民政府负责管理、指导和协调本行政区域内的科技成果转化工作。

第二章 组织实施

第九条 国务院和地方各级人民政府应当将科技成果的转化纳入国民经济和社会发展计划，并组织协调实施有关科技成果的转化。

第十条 利用财政资金设立应用类科技项目和其他相关科技项目，有关行政部门、管理机构应当改进和完善科研组织管理方式，在制定相关科技规划、计划和编制项目指南时应当听取相关行业、企业的意见；在组织实施应用类科技项目时，应当明确项目承担者的科技成果转化义务，加强知识产权管理，并将科技成果转化和知识产权创造、运用作为立项和验收的重要内容和依据。

第十一条 国家建立、完善科技报告制度和科技成果信息系统，向社会公布科技项目实施情况以及科技成果和相关知识产权信息，提供科技成果信息查询、筛选等公益服务。公布有关信息不得泄露国家秘密和商业秘密。对不予公布的信息，有关部门应当及时告知相关科技项目承担者。

利用财政资金设立的科技项目的承担者应当按照规定及时提交相关科技报告，并将科技成果和相关知识产权信息汇交到科技成果信息系统。

国家鼓励利用非财政资金设立的科技项目的承担者提交相关科技报告，将科技成果和相关知识产权信息汇交到科技成果信息系统，县级以上人民政府负责相关工作的部门应当为其提供方便。

第十二条 对下列科技成果转化项目，国家通过政府采购、研究开发资助、发布产业技术指导目录、示范推广等方式予以支持：

（一）能够显著提高产业技术水平、经济效益或能够形成促进社会经济健康发展的新产业的；

（二）能够显著提高国家安全能力和公共安全水平的；

（三）能够合理开发和利用资源、节约能源、降低消耗以及防治环境污染、保护生态、提高应对气候变化和防灾减灾能力的；

（四）能够改善民生和提高公共健康水平的；

（五）能够促进现代农业或者农村经济发展的；

（六）能够加快民族地区、边远地区、贫困地区社会经济发展的。

第十三条　国家通过制定政策措施，提倡和鼓励采用先进技术、工艺和装备，不断改进、限制使用或者淘汰落后技术、工艺和装备。

第十四条　国家加强标准制定工作，对新技术、新工艺、新材料、新产品依法及时制定国家标准、行业标准，积极参与国际标准的制定，推动先进适用技术推广和应用。

国家建立有效的军民科技成果相互转化体系，完善国防科技协同创新体制机制。军品科研生产应当依法优先采用先进适用的民用标准，推动军用、民用技术相互转移、转化。

第十五条　各级人民政府组织实施的重点科技成果转化项目，可以由有关部门组织采用公开招标的方式实施转化。有关部门应当对中标单位提供招标时确定的资助或者其他条件。

第十六条　科技成果持有者可以采用下列方式进行科技成果转化：

（一）自行投资实施转化；

（二）向他人转让该科技成果；

（三）许可他人使用该科技成果；

（四）以该科技成果作为合作条件，与他人共同实施转化；

（五）以该科技成果作价投资，折算股份或者出资比例；

（六）其他协商确定的方式。

第十七条　国家鼓励研究开发机构、高等院校采取转让、许可或者作价投资等方式，向企业或者其他组织转移科技成果。

国家设立的研究开发机构、高等院校应当加强对科技成果转化的管理、组织和协调，促进科技成果转化队伍建设，优化科技成果转化流程，通过本单位负责技术转移工作的机构或者委托独立的科技成果转化服务机构开展技术转移。

第十八条　国家设立的研究开发机构、高等院校对其持有的科技成果，可以自主决定转让、许可或者作价投资，但应当通过协议定价、在技术交易市场挂牌交易、拍卖等方式确定价格。通过协议定价的，应当在本单位公示科技成果名称和拟交易价格。

第十九条　国家设立的研究开发机构、高等院校所取得的职务科技成果，完成人和参加人在不变更职务科技成果权属的前提下，可以根据与本单位的协议进行该项科技成果的转化，并享有协议规定的权益。该单位对上述科技成果转化活动应当予以支持。

科技成果完成人或者课题负责人，不得阻碍职务科技成果的转化，不得将职务科技成果及其技术资料和数据占为己有，侵犯单位的合法权益。

第二十条　研究开发机构、高等院校的主管部门以及财政、科学技术等相关行政部门应当建立有利于促进科技成果转化的绩效考核评价体系，将科技成果转化情况作为对相关单位及人员评价、科研资金支持的重要内容和依据之一，并对科技成果转化绩效突出的相关单位及人员加大科研资金支持。

国家设立的研究开发机构、高等院校应当建立符合科技成果转化工作特点的职称评定、岗位管理和考核评价制度，完善收入分配激励约束机制。

第二十一条 国家设立的研究开发机构、高等院校应当向其主管部门提交科技成果转化情况年度报告，说明本单位依法取得的科技成果数量、实施转化情况以及相关收入分配情况，该主管部门应当按照规定将科技成果转化情况年度报告报送财政、科学技术等相关行政部门。

第二十二条 企业为采用新技术、新工艺、新材料和生产新产品，可以自行发布信息或者委托科技中介服务机构征集其所需的科技成果，或者征寻科技成果转化的合作者。

县级以上地方各级人民政府科学技术行政部门和其他有关部门应当根据职责分工，为企业获取所需的科技成果提供帮助和支持。

第二十三条 企业依法有权独立或者与境内外企业、事业单位和其他合作者联合实施科技成果转化。

企业可以通过公平竞争，独立或者与其他单位联合承担政府组织实施的科技研究开发和科技成果转化项目。

第二十四条 对利用财政资金设立的具有市场应用前景、产业目标明确的科技项目，政府有关部门、管理机构应当发挥企业在研究开发方向选择、项目实施和成果应用中的主导作用，鼓励企业、研究开发机构、高等院校及其他组织共同实施。

第二十五条 国家鼓励研究开发机构、高等院校与企业相结合，联合实施科技成果转化。

研究开发机构、高等院校可以参与政府有关部门或者企业实施科技成果转化的招标投标活动。

第二十六条 国家鼓励企业与研究开发机构、高等院校及其他组织采取联合建立研究开发平台、技术转移机构或者技术创新联盟等产学研合作方式，共同开展研究开发、成果应用与推广、标准研究与制定等活动。

合作各方应当签订协议，依法约定合作的组织形式、任务分工、资金投入、知识产权归属、权益分配、风险分担和违约责任等事项。

第二十七条 国家鼓励研究开发机构、高等院校与企业及其他组织开展科技人员交流，根据专业特点、行业领域技术发展需要，聘请企业及其他组织的科技人员兼职从事教学和科研工作，支持本单位的科技人员到企业及其他组织从事科技成果转化活动。

第二十八条 国家支持企业与研究开发机构、高等院校、职业院校及培训机构联合建立学生实习实践培训基地和研究生科研实践工作机构，共同培养专业技术人才和高技能人才。

第二十九条　国家鼓励农业科研机构、农业试验示范单位独立或者与其他单位合作实施农业科技成果转化。

第三十条　国家培育和发展技术市场，鼓励创办科技中介服务机构，为技术交易提供交易场所、信息平台以及信息检索、加工与分析、评估、经纪等服务。

科技中介服务机构提供服务，应当遵循公正、客观的原则，不得提供虚假的信息和证明，对其在服务过程中知悉的国家秘密和当事人的商业秘密负有保密义务。

第三十一条　国家支持根据产业和区域发展需要建设公共研究开发平台，为科技成果转化提供技术集成、共性技术研究开发、中间试验和工业性试验、科技成果系统化和工程化开发、技术推广与示范等服务。

第三十二条　国家支持科技企业孵化器、大学科技园等科技企业孵化机构发展，为初创期科技型中小企业提供孵化场地、创业辅导、研究开发与管理咨询等服务。

第三章　保障措施

第三十三条　科技成果转化财政经费，主要用于科技成果转化的引导资金、贷款贴息、补助资金和风险投资以及其他促进科技成果转化的资金用途。

第三十四条　国家依照有关税收法律、行政法规规定对科技成果转化活动实行税收优惠。

第三十五条　国家鼓励银行业金融机构在组织形式、管理机制、金融产品和服务等方面进行创新，鼓励开展知识产权质押贷款、股权质押贷款等贷款业务，为科技成果转化提供金融支持。

国家鼓励政策性金融机构采取措施，加大对科技成果转化的金融支持。

第三十六条　国家鼓励保险机构开发符合科技成果转化特点的保险品种，为科技成果转化提供保险服务。

第三十七条　国家完善多层次资本市场，支持企业通过股权交易、依法发行股票和债券等直接融资方式为科技成果转化项目进行融资。

第三十八条　国家鼓励创业投资机构投资科技成果转化项目。

国家设立的创业投资引导基金，应当引导和支持创业投资机构投资初创期科技型中小企业。

第三十九条　国家鼓励设立科技成果转化基金或者风险基金，其资金来源由国家、地方、企业、事业单位以及其他组织或者个人提供，用于支持高投入、高风险、高产出的科技成果的转化，加速重大科技成果的产业化。

科技成果转化基金和风险基金的设立及其资金使用，依照国家有关规定执行。

第四章　技术权益

第四十条　科技成果完成单位与其他单位合作进行科技成果转化的，应当依法由合同约定该科技成果有关权益的归属。合同未作约定的，按照下列原则办理：

（一）在合作转化中无新的发明创造的，该科技成果的权益，归该科技成果完成单位；

（二）在合作转化中产生新的发明创造的，该新发明创造的权益归合作各方共有；

（三）对合作转化中产生的科技成果，各方都有实施该项科技成果的权利，转让该科技成果应经合作各方同意。

第四十一条 科技成果完成单位与其他单位合作进行科技成果转化的，合作各方应当就保守技术秘密达成协议；当事人不得违反协议或者违反权利人有关保守技术秘密的要求，披露、允许他人使用该技术。

第四十二条 企业、事业单位应当建立健全技术秘密保护制度，保护本单位的技术秘密。职工应当遵守本单位的技术秘密保护制度。

企业、事业单位可以与参加科技成果转化的有关人员签订在职期间或者离职、离休、退休后一定期限内保守本单位技术秘密的协议；有关人员不得违反协议约定，泄露本单位的技术秘密和从事与原单位相同的科技成果转化活动。

职工不得将职务科技成果擅自转让或者变相转让。

第四十三条 国家设立的研究开发机构、高等院校转化科技成果所获得的收入全部留归本单位，在对完成、转化职务科技成果做出重要贡献的人员给予奖励和报酬后，主要用于科学技术研究开发与成果转化等相关工作。

第四十四条 职务科技成果转化后，由科技成果完成单位对完成、转化该项科技成果做出重要贡献的人员给予奖励和报酬。

科技成果完成单位可以规定或者与科技人员约定奖励和报酬的方式、数额和时限。单位制定相关规定，应当充分听取本单位科技人员的意见，并在本单位公开相关规定。

第四十五条 科技成果完成单位未规定、也未与科技人员约定奖励和报酬的方式和数额的，按照下列标准对完成、转化职务科技成果做出重要贡献的人员给予奖励和报酬：

（一）将该项职务科技成果转让、许可给他人实施的，从该科技成果转让净收入或者许可净收入中提取不低于百分之五十的比例；

（二）利用该项职务科技成果作价投资的，从该项科技成果形成的股份或者出资比例中提取不低于百分之五十的比例；

（三）将该项职务科技成果自行实施或者与他人合作实施的，应当在实施转化成功投产后连续三至五年，每年从实施该项科技成果的营业利润中提取不低于百分之五的比例。

国家设立的研究开发机构、高等院校规定或者与科技人员约定奖励和报酬的方式和数额应当符合前款第一项至第三项规定的标准。

国有企业、事业单位依照本法规定对完成、转化职务科技成果做出重要贡献的人员给予奖励和报酬的支出计入当年本单位工资总额，但不受当年本单位工资总额限制、不纳入本单位工资总额基数。

第五章　法律责任

第四十六条　利用财政资金设立的科技项目的承担者未依照本法规定提交科技报告、汇交科技成果和相关知识产权信息的，由组织实施项目的政府有关部门、管理机构责令改正；情节严重的，予以通报批评，禁止其在一定期限内承担利用财政资金设立的科技项目。

国家设立的研究开发机构、高等院校未依照本法规定提交科技成果转化情况年度报告的，由其主管部门责令改正；情节严重的，予以通报批评。

第四十七条　违反本法规定，在科技成果转化活动中弄虚作假，采取欺骗手段，骗取奖励和荣誉称号、诈骗钱财、非法牟利的，由政府有关部门依照管理职责责令改正，取消该奖励和荣誉称号，没收违法所得，并处以罚款。给他人造成经济损失的，依法承担民事赔偿责任。构成犯罪的，依法追究刑事责任。

第四十八条　科技服务机构及其从业人员违反本法规定，故意提供虚假的信息、实验结果或者评估意见等欺骗当事人，或者与当事人一方串通欺骗另一方当事人的，由政府有关部门依照管理职责责令改正，没收违法所得，并处以罚款；情节严重的，由工商行政管理部门依法吊销营业执照。给他人造成经济损失的，依法承担民事赔偿责任；构成犯罪的，依法追究刑事责任。

科技中介服务机构及其从业人员违反本法规定泄露国家秘密或者当事人的商业秘密的，依照有关法律、行政法规的规定承担相应的法律责任。

第四十九条　科学技术行政部门和其他有关部门及其工作人员在科技成果转化中滥用职权、玩忽职守、徇私舞弊的，由任免机关或者监察机关对直接负责的主管人员和其他直接责任人员依法给予处分；构成犯罪的，依法追究刑事责任。

第五十条　违反本法规定，以唆使窃取、利诱胁迫等手段侵占他人的科技成果，侵犯他人合法权益的，依法承担民事赔偿责任，可以处以罚款；构成犯罪的，依法追究刑事责任。

第五十一条　违反本法规定，职工未经单位允许，泄露本单位的技术秘密，或者擅自转让、变相转让职务科技成果的，参加科技成果转化的有关人员违反与本单位的协议，在离职、离休、退休后约定的期限内从事与原单位相同的科技成果转化活动，给本单位造成经济损失的，依法承担民事赔偿责任；构成犯罪的，依法追究刑事责任。

第六章　附　则

第五十二条　本法自 1996 年 10 月 1 日起施行。

附录二　国务院关于印发《实施〈中华人民共和国促进科技成果转化法〉若干规定》的通知

（国发〔2016〕16 号）

各省、自治区、直辖市人民政府，国务院各部委、各直属机构：

现将《实施〈中华人民共和国促进科技成果转化法〉若干规定》印发给你们，请认真贯彻执行。

国务院

2016 年 2 月 26 日

为加快实施创新驱动发展战略，落实《中华人民共和国促进科技成果转化法》，打通科技与经济结合的通道，促进大众创业、万众创新，鼓励研究开发机构、高等院校、企业等创新主体及科技人员转移转化科技成果，推进经济提质增效升级，作出如下规定。

一、促进研究开发机构、高等院校技术转移

（一）国家鼓励研究开发机构、高等院校通过转让、许可或者作价投资等方式，向企业或者其他组织转移科技成果。国家设立的研究开发机构和高等院校应当采取措施，优先向中小微企业转移科技成果，为大众创业、万众创新提供技术供给。

国家设立的研究开发机构、高等院校对其持有的科技成果，可以自主决定转让、许可或者作价投资，除涉及国家秘密、国家安全外，不需审批或者备案。

国家设立的研究开发机构、高等院校有权依法以持有的科技成果作价入股确认股权和出资比例，并通过发起人协议、投资协议或者公司章程等形式对科技成果的权属、作价、折股数量或者出资比例等事项明确约定，明晰产权。

（二）国家设立的研究开发机构、高等院校应当建立健全技术转移工作体系和机制，完善科技成果转移转化的管理制度，明确科技成果转化各项工作的责任主体，建立健全科技成果转化重大事项领导班子集体决策制度，加强专业化科技成果转化队伍

建设，优化科技成果转化流程，通过本单位负责技术转移工作的机构或者委托独立的科技成果转化服务机构开展技术转移。鼓励研究开发机构、高等院校在不增加编制的前提下建设专业化技术转移机构。

国家设立的研究开发机构、高等院校转化科技成果所获得的收入全部留归单位，纳入单位预算，不上缴国库，扣除对完成和转化职务科技成果作出重要贡献人员的奖励和报酬后，应当主要用于科学技术研发与成果转化等相关工作，并对技术转移机构的运行和发展给予保障。

（三）国家设立的研究开发机构、高等院校对其持有的科技成果，应当通过协议定价、在技术交易市场挂牌交易、拍卖等市场化方式确定价格。协议定价的，科技成果持有单位应当在本单位公示科技成果名称和拟交易价格，公示时间不少于 15 日。单位应当明确并公开异议处理程序和办法。

（四）国家鼓励以科技成果作价入股方式投资的中小企业充分利用资本市场做大做强，国务院财政、科技行政主管部门要研究制定国家设立的研究开发机构、高等院校以技术入股形成的国有股在企业上市时豁免向全国社会保障基金转持的有关政策。

（五）国家设立的研究开发机构、高等院校应当按照规定格式，于每年 3 月 30 日前向其主管部门报送本单位上一年度科技成果转化情况的年度报告，主管部门审核后于每年 4 月 30 日前将各单位科技成果转化年度报告报送至科技、财政行政主管部门指定的信息管理系统。年度报告内容主要包括：

1. 科技成果转化取得的总体成效和面临的问题；

2. 依法取得科技成果的数量及有关情况；

3. 科技成果转让、许可和作价投资情况；

4. 推进产学研合作情况，包括自建、共建研究开发机构、技术转移机构、科技成果转化服务平台情况，签订技术开发合同、技术咨询合同、技术服务合同情况，人才培养和人员流动情况等；

5. 科技成果转化绩效和奖惩情况，包括科技成果转化取得收入及分配情况，对科技成果转化人员的奖励和报酬等。

二、激励科技人员创新创业

（六）国家设立的研究开发机构、高等院校制定转化科技成果收益分配制度时，要按照规定充分听取本单位科技人员的意见，并在本单位公开相关制度。依法对职务科技成果完成人和为成果转化作出重要贡献的其他人员给予奖励时，按照以下规定执行：

1. 以技术转让或者许可方式转化职务科技成果的，应当从技术转让或者许可所取得的净收入中提取不低于 50% 的比例用于奖励。

2. 以科技成果作价投资实施转化的，应当从作价投资取得的股份或者出资比例中提取不低于 50% 的比例用于奖励。

3. 在研究开发和科技成果转化中作出主要贡献的人员，获得奖励的份额不低于奖励总额的 50% 。

4. 对科技人员在科技成果转化工作中开展技术开发、技术咨询、技术服务等活动给予的奖励，可按照促进科技成果转化法和本规定执行。

（七）国家设立的研究开发机构、高等院校科技人员在履行岗位职责、完成本职工作的前提下，经征得单位同意，可以兼职到企业等从事科技成果转化活动，或者离岗创业，在原则上不超过 3 年时间内保留人事关系，从事科技成果转化活动。研究开发机构、高等院校应当建立制度规定或者与科技人员约定兼职、离岗从事科技成果转化活动期间和期满后的权利和义务。离岗创业期间，科技人员所承担的国家科技计划和基金项目原则上不得中止，确需中止的应当按照有关管理办法办理手续。

积极推动逐步取消国家设立的研究开发机构、高等院校及其内设院系所等业务管理岗位的行政级别，建立符合科技创新规律的人事管理制度，促进科技成果转移转化。

（八）对于担任领导职务的科技人员获得科技成果转化奖励，按照分类管理的原则执行：

1. 国务院部门、单位和各地方所属研究开发机构、高等院校等事业单位（不含内设机构）正职领导，以及上述事业单位所属具有独立法人资格单位的正职领导，是科技成果的主要完成人或者对科技成果转化作出重要贡献的，可以按照促进科技成果转化法的规定获得现金奖励，原则上不得获取股权激励。其他担任领导职务的科技人员，是科技成果的主要完成人或者对科技成果转化作出重要贡献的，可以按照促进科技成果转化法的规定获得现金、股份或者出资比例等奖励和报酬。

2. 对担任领导职务的科技人员的科技成果转化收益分配实行公开公示制度，不得利用职权侵占他人科技成果转化收益。

（九）国家鼓励企业建立健全科技成果转化的激励分配机制，充分利用股权出售、股权奖励、股票期权、项目收益分红、岗位分红等方式激励科技人员开展科技成果转化。国务院财政、科技等行政主管部门要研究制定国有科技型企业股权和分红激励政策，结合深化国有企业改革，对科技人员实施激励。

（十）科技成果转化过程中，通过技术交易市场挂牌交易、拍卖等方式确定价格的，或者通过协议定价并在本单位及技术交易市场公示拟交易价格的，单位领导在履行勤勉尽责义务、没有牟取非法利益的前提下，免除其在科技成果定价中因科技成果转化后续价值变化产生的决策责任。

三、营造科技成果转移转化良好环境

（十一）研究开发机构、高等院校的主管部门以及财政、科技等相关部门，在对单位进行绩效考评时应当将科技成果转化的情况作为评价指标之一。

（十二）加大对科技成果转化绩效突出的研究开发机构、高等院校及人员的支持力

度。研究开发机构、高等院校的主管部门以及财政、科技等相关部门根据单位科技成果转化年度报告情况等，对单位科技成果转化绩效予以评价，并将评价结果作为对单位予以支持的参考依据之一。

国家设立的研究开发机构、高等院校应当制定激励制度，对业绩突出的专业化技术转移机构给予奖励。

（十三）做好国家自主创新示范区税收试点政策向全国推广工作，落实好现有促进科技成果转化的税收政策。积极研究探索支持单位和个人科技成果转化的税收政策。

（十四）国务院相关部门要按照法律规定和事业单位分类改革的相关规定，研究制定符合所管理行业、领域特点的科技成果转化政策。涉及国家安全、国家秘密的科技成果转化，行业主管部门要完善管理制度，激励与规范相关科技成果转化活动。对涉密科技成果，相关单位应当根据情况及时做好解密、降密工作。

（十五）各地方、各部门要切实加强对科技成果转化工作的组织领导，及时研究新情况、新问题，加强政策协同配合，优化政策环境，开展监测评估，及时总结推广经验做法，加大宣传力度，提升科技成果转化的质量和效率，推动我国经济转型升级、提质增效。

（十六）《国务院办公厅转发科技部等部门关于促进科技成果转化若干规定的通知》（国办发〔1999〕29号）同时废止。此前有关规定与本规定不一致的，按本规定执行。

附录三　关于进一步加强知识产权运用和保护助力创新创业的意见

（国知发管字〔2015〕56号）

各省、自治区、直辖市知识产权局、财政厅（局）、人力资源社会保障厅（局）、总工会、团委，新疆生产建设兵团有关部门：

为深入贯彻《中共中央国务院关于深化体制机制改革加快实施创新驱动发展战略的若干意见》（中发〔2015〕8号）和《国务院关于大力推进大众创业万众创新若干政策措施的意见》（国发〔2015〕32号）部署，认真落实《深入实施国家知识产权战略行动计划（2014—2020年）》（国办发〔2014〕64号）要求，深入实施创新驱动发展战略和国家知识产权战略，充分发挥知识产权促进创新创业的重要作用，有效激发全社会大众创业、万众创新的热情，切实保护好创新创业者的合法权益，国家知识产权局、财政部、人力资源社会保障部、中华全国总工会、共青团中央联合制定了《关于进一步加强知识产权运用和保护助力创新创业的意见》，现予印发，请认真贯彻执行。

特此通知。

国家知识产权局　财政部

人力资源社会保障部　中华全国总工会　共青团中央

2015年9月7日

关于进一步加强知识产权运用和保护助力创新创业的意见

知识产权是联结创新与市场之间的桥梁和纽带。知识产权制度是保障创新创业成功的重要制度，是激发创新创业热情、保护创新创业成果的有效支撑。为深入实施创新驱动发展战略和国家知识产权战略，进一步加强知识产权运用和保护，助力创新创业，现提出以下意见。

一、总体要求

（一）指导思想

全面贯彻落实党的十八大和十八届二中、三中、四中全会精神，认真落实党中央、国务院决策部署，充分发挥市场在资源配置中的决定性作用，更好发挥政府作用，创新知识产权管理机制，健全知识产权公共服务体系，引领创新创业模式变革，优化市场竞争环境，释放全社会创造活力，催生更多的创新创业机会，让创新创业根植知识产权沃土。

（二）基本原则

一是市场导向。发挥知识产权对创新创业活动的激励作用，充分调动市场力量，形成创新创业知识产权激励和利益分配机制，促进创新创业要素合理流动和高效配置。

二是加强引导。突出知识产权对创新创业活动的导向作用，更多采用专利导航等有效手段，创新服务模式和流程，提升创新创业发展水平。

三是积极推动。坚持政策协同、主动作为、开放合作，建立政府引导、市场驱动、社会参与的知识产权创新支持政策和创业服务体系，全力营造大众创业、万众创新的良好氛围。

四是注重实效。紧贴创新创业活动的实际需求，建立横向协调、纵向联动的工作机制，强化政策落实中的评估和反馈，不断完善和深化政策环境、制度环境和公共服务体系，形成利于创新、便于创业的格局。

二、完善知识产权政策体系降低创新创业门槛

（三）综合运用知识产权政策手段。引导广大创新创业者创造和运用知识产权，健全面向高校院所科技创新人才、海外留学回国人员等高端人才和高素质技术工人创新创业的知识产权扶持政策，对优秀创业项目的知识产权申请、转化运用给予资金和项目支持。进一步细化降低中小微企业知识产权申请和维持费用的措施。充分发挥和落实各项财税扶持政策作用，支持在校大学生和高校毕业生、退役军人、登记失业人员、残疾人等重点群体运用专利创新创业。在各地专利代办处设立专门服务窗口，为创新创业者提供便捷、专业的专利事务和政策咨询服务。

（四）拓宽知识产权价值实现渠道。深化事业单位科技成果使用、处置和收益管理改革试点，调动单位和人员运用知识产权的积极性。支持互联网知识产权金融发展，鼓励金融机构为创新创业者提供知识产权资产证券化、专利保险等新型金融产品和服务。完善知识产权估值、质押、流转体系，推进知识产权质押融资服务实现普遍化、常态化和规模化，引导银行与投资机构开展投贷联动，积极探索专利许可收益权质押融资等新模式，积极协助符合条件的创新创业者办理知识产权质押贷款。支持符合条件的省份设立重点产业知识产权运营基金，扶持重点领域知识产权联盟建设，通过加

强知识产权协同运用助推创业成功。

三、强化知识产权激励政策释放创新创业活力

（五）鼓励利用发明创造在职和离岗创业。完善职务发明与非职务发明法律制度，合理界定单位与职务发明人的权利义务，切实保障发明人合法权益，使创新人才分享成果收益。支持企业、高校、科研院所、研发中心等专业技术人员和技术工人进行非职务发明创造，提供相应的公益培训和咨询服务，充分发挥企事业单位教育培训费用的作用，加强对一线职工进行创新创造开发教育培训和开阔眼界提高技能的培训，鼓励职工积极参与创新活动，鼓励企事业单位设立职工小发明小创造专项扶持资金，健全困难群体创业知识产权服务帮扶机制。

（六）提供优质知识产权公共服务。建立健全具有针对性的知识产权公共服务机制，推动引进海外优秀人才。加大对青年为主体的创业群体知识产权扶持，建立健全创业知识产权辅导制度，促进高质量创业。积极打造专利创业孵化链，鼓励和支持青年以创业带动就业。组织开展创业知识产权培训进高校活动，支持高校开发开设创新创业知识产权实务技能课程。从优秀知识产权研究人员、专利审查实务专家、资深知识产权代理人、知名企业知识产权经理人中选拔一批创业知识产权导师，积极指导青年创业训练和实践。

四、推进知识产权运营工作引导创新创业方向

（七）推广运用专利分析工作成果。实施一批宏观专利导航项目，发布产业规划类专利导航项目成果，更大范围地优化各类创业活动中的资源配置。实施一批微观专利导航项目，引导有条件的创业活动向高端产业发展。建立实用专利技术筛选机制，为创新创业者提供技术支撑。推动建立产业知识产权联盟，完善企业主导、创新创业者积极参与的专利协同运用体系，构建具有产业特色的低成本、便利化、全要素、开放式的知识产权创新创业基地。

（八）完善知识产权运营服务体系。充分运用社区网络、大数据、云计算，加快推进全国知识产权运营公共服务平台建设，构建新型开放创新创业平台，促进更多创业者加入和集聚。积极构建知识产权运营服务体系，通过公益性与市场化相结合的方式，为创新创业者提供高端专业的知识产权运营服务。探索通过发放创新券的方式，支持创业企业向知识产权运营机构购买专利运营服务。

五、完善知识产权服务体系支撑创新创业活动

（九）提升知识产权信息获取效率。进一步提高知识产权公共服务水平，在众创空间等新型创业服务平台建立知识产权联络员制度，开展知识产权专家服务试点，实施精细化服务，做到基础服务全覆盖。加强创新创业专利信息服务，鼓励开展高水平创

业活动。完善专利基础数据服务实验系统，扩大专利基础数据开放范围，开展专利信息推送服务。

（十）发展综合性知识产权服务。发挥行业社团的组织引领作用，推动知识产权服务机构通过市场化机制、专业化服务和资本化途径，为创新创业者提供知识产权全链条服务。鼓励知识产权服务机构以参股入股的新型合作模式直接参与创新创业，带动青年创业活动。在国家知识产权试点示范城市广泛开展知识产权促进高校毕业生就业试点工作，强化知识产权实务技能培训，提供高质量就业岗位。

六、加强知识产权培训条件建设提升创新创业能力

（十一）加强创业知识产权培训。切实加强创业知识产权培训师资队伍和培训机构建设，积极推行知识产权创业模块培训、创业案例教学和创业实务训练。鼓励各类知识产权协会社团积极承担创新创业训练任务，为创业者提供技术、场地、政策、管理等支持和创业孵化服务。以有创业愿望的技能人才为重点，优先安排培训资源，使有创业愿望和培训需求的青年都有机会获得知识产权培训。

（十二）引导各类知识产权优势主体提供专业实训。综合运用政府购买服务、无偿资助、业务奖励等方式，在国家知识产权培训基地、国家中小微企业知识产权培训基地、国家知识产权优势和示范企业、知识产权服务品牌机构建立创新创业知识产权实训体系。引导国家知识产权优势和示范企业、科研组织向创业青年免费提供实验场地和实验仪器设备。

七、强化知识产权执法维权保护创新创业成果

（十三）加大专利行政执法力度。健全知识产权保护措施，加强行政执法机制和能力建设，切实保护创新创业者知识产权合法权益。深化维权援助机制建设，完善知识产权维权援助中心布局，在创新创业最活跃的地区优先进行快速维权援助中心布点，推动行政执法与司法联动，缩短确权审查、侵权处理周期，提高维权效率。

（十四）完善知识产权维权援助体系。构建网络化知识产权维权援助体系，为创新创业者提供有效服务。健全电子商务领域专利执法维权机制，快速调解、处理电子商务平台上的专利侵权纠纷，及时查处假冒专利行为，制订符合创新创业特点的知识产权纠纷解决方案，完善行政调解等非诉讼纠纷解决途径。建立互联网电子商务知识产权信用体系，指导支持电商平台加强知识产权保护工作，强化专业市场知识产权保护。

八、推进知识产权文化建设营造创新创业氛围

（十五）加强知识产权舆论引导。广泛开展专利技术宣传、展示、推广等活动，宣扬创新精神，激发创业热情，带动更多劳动者积极投身创新创业活动，努力在全社会逐渐形成"创新创业依靠知识产权，知识产权面向创新创业"的良好氛围。依托国家

专利技术展示交易中心，搭建知识产权创新创业交流平台，组织开展创业专利推介对接，鼓励社会力量围绕大众创业、万众创新组织开展各类知识产权公益活动。

（十六）积极举办各类专题活动。积极举办面向青年的创业知识产权公开课，提高创业能力，助推成功创业。鼓励社会力量举办各类知识产权服务创新创业大赛，推动有条件的地方积极搭建知识产权创新创业实体平台。加强创业知识产权辅导，支持"创青春"中国青年创新创业大赛、"挑战杯"全国大学生课外学术科技作品竞赛等活动。鼓励表现优秀的创新创业项目团队参加各类大型知识产权展会。在各类知识产权重点展会上设置服务专区，为创新创业提供交流经验、展示成果、共享资源的机会。

国家知识产权局会同财政部、人力资源和社会保障部、中华全国总工会、共青团中央等有关部门和单位建立创新创业知识产权工作长效推进机制，统筹协调并指导落实相关工作。各地要建立相应协调机制，结合地方实际制定具体实施方案，明确工作部署，切实加大资金投入、政策支持和条件保障力度。各地和有关部门要结合创新创业特点、需要和工作实际，发挥市场主体作用，不断完善创新创业知识产权政策体系和服务体系，确保各项政策措施贯彻落实。各地要做好有关政策落实情况调研、发展情况统计汇总等工作，及时报告工作进展情况。

附录四 关于进一步推动知识产权金融服务工作的意见

（国知发管字〔2015〕21号）

各省、自治区、直辖市、新疆生产建设兵团知识产权局，各有关单位：

为深入贯彻党的十八大和十八届三中、四中全会精神，积极落实《中共中央国务院关于深化体制机制改革加快实施创新驱动发展战略的若干意见》有关战略部署，加快促进知识产权与金融资源融合，更好地发挥知识产权对经济发展的支撑作用，现就进一步推动识产权金融服务工作提出如下意见。

一、充分认识知识产权与金融结合的重要意义

知识产权是国家发展的战略性资源和国际竞争力的核心要素，金融是现代经济的核心。加强知识产权金融服务是贯彻落实党中央国务院关于加强知识产权运用和保护战略部署的积极举措，是知识产权工作服务经济社会创新发展、支撑创新型国家建设的重要手段。促进知识产权与金融资源的有效融合，有助于拓宽中小微企业融资渠道，改善市场主体创新发展环境，促进创新资源良性循环；有助于建立基于知识产权价值实现的多元资本投入机制，通过增值的专业化金融服务扩散技术创新成果，全面促进知识产权转移转化；有助于引导金融资本向高新技术产业转移，促进传统产业的转型升级和战略性新兴产业的培育发展，提升经济质量和效益。

各地知识产权管理部门应站在全局和战略高度，积极会同有关部门，深化和拓展知识产权金融服务工作，引导和促进银行业、证券业、保险业、创业投资等各类金融资本与知识产权资源有效对接，加快完善知识产权金融服务体系，切实落实国家对中小微企业发展金融扶持政策，为深入实施创新驱动发展战略和知识产权战略提供有力保障。

二、工作目标和方式

（一）工作目标

推动完善落实知识产权金融扶持政策措施，优化知识产权金融发展环境，建立与

投资、信贷、担保、典当、证券、保险等工作相结合的多元化多层次的知识产权金融服务机制，知识产权金融服务对促进企业创新发展的作用显著提升。力争到 2020 年，全国专利权质押融资金额超过 1000 亿元，专利保险社会认可度和满意度显著提高，业务开展范围至少覆盖 50 个中心城市和园区；全国东部地区和中西部地区中心城市的知识产权金融服务实现普遍化、常态化和规模化开展。

（二）工作方式

政府引导与市场化运作相结合。充分发挥政府引导和组织协调作用，强化知识产权金融扶持政策与区域、产业政策相结合，鼓励和支持各类金融机构和中介机构参与知识产权金融服务工作，通过市场化运作，构建知识产权金融服务工作机制和服务体系。

深化试点与整体推进相结合。全国知识产权系统要在现有工作基础上，深化试点工作，创新实践，探索有效工作模式，推动工作向纵深发展；要总结推广各地的经验做法，以服务地区经济和企业创新发展为导向，扩展工作覆盖面，整体推进知识产权金融服务工作。

三、工作重点

（一）深化和拓展知识产权质押融资工作

1. 加强对企业知识产权质押融资的指导和服务。引导企业通过提高知识产权质量，加强核心技术专利布局，提升知识产权质物价值的市场认可度；开展针对企业知识产权质押融资的政策宣讲和实务培训，使企业深入了解相关扶持政策、融资渠道、办理流程等信息；加强专利权质押登记业务培训，规范服务流程，为企业提供高效、便捷、优质的服务；建立质押项目审核及跟踪服务机制，对拟质押的知识产权项目，开展法律状态和专利与产品关联度审查，对在质押知识产权项目进行动态跟踪和管理，强化知识产权保护。

2. 鼓励和支持金融机构广泛开展知识产权质押融资业务。推动并支持银行业金融机构开发和完善知识产权质押融资产品，适当提高对中小微企业贷款不良率的容忍度；鼓励各类金融机构利用互联网等新技术、新工具，丰富和创新知识产权融资方式。

3. 完善知识产权质押融资风险管理机制。引导和支持各类担保机构为知识产权质押融资提供担保服务，鼓励开展同业担保、供应链担保等业务，探索建立多元化知识产权担保机制；利用专利执行保险加强质押项目风险保障，开展知识产权质押融资保证保险，缓释金融机构风险；促进银行与投资机构合作，建立投贷联动的服务模式，提升企业融资规模和效率。

4. 探索完善知识产权质物处置机制。结合知识产权质押融资产品和担保方式创新，研究采用质权转股权、反向许可等形式，或借助各类产权交易平台，通过定向推荐、对接洽谈、拍卖等形式进行质物处置，保障金融机构对质权的实现，提高知识产权使用效益。

（二）加快培育和规范专利保险市场

1. 支持保险机构深入开展专利保险业务。推动保险机构规范服务流程，简化投保和理赔程序，重点推进专利执行保险、侵犯专利权责任保险、知识产权质押融资保险、知识产权综合责任保险等业务运营。

2. 鼓励和支持保险机构加强运营模式创新。探索专利保险与其他险种组合投保模式，实践以核心专利、专利包以及产品、企业、园区整体专利为投保对象的多种运营模式；支持保险机构开发设计符合企业需求且可市场化运作的专利保险险种，不断拓宽专利保险服务范围。

3. 加大对投保企业的服务保障。结合地区产业政策，联合有关部门，利用专利保险重点加强对出口企业和高新技术企业创新发展优势的服务和保障；加强对企业专利纠纷和维权事务的指导，对于投保专利发生法律纠纷的，要按照高效、便捷的原则及时调处。

4. 完善专利保险服务体系。加大工作力度，引导和支持专利代理、保险经纪、专利资产评估与价值分析、维权援助等机构参与专利保险工作，充分发挥中介机构在投保专利评估审核、保险方案设计、企业风险管理、保险产品宣传推广、保单维护和保险理赔服务等方面的重要作用。

（三）积极实践知识产权资本化新模式

1. 研究建立促进知识产权出资服务机制。开展本地区知识产权出资情况调查，了解有关知识产权和企业发展现状，会同工商等部门建立项目资料库；开展对出资知识产权的评估评价服务，对于出资比例高、金额大的知识产权项目加强跟踪和保护；将知识产权出资与本地区招商引资工作相结合，加强跨地区优质知识产权项目引进，加快提升地区经济发展质量。

2. 推动知识产权金融产品创新。鼓励各地建立知识产权金融服务研究基地，为产品及服务模式创新提供支持；鼓励金融机构开展知识产权资产证券化，发行企业知识产权集合债券，探索专利许可收益权质押融资模式等，为市场主体提供多样化的知识产权金融服务。

（四）加强知识产权金融服务能力建设

1. 推进开展专利应用效果检测及评价服务。依托企业建立专利应用效果检测分析服务平台，为拟投融资、转让、许可的项目提供检测分析支持；推进专利价值分析指标体系运用，结合知识产权资产评估方法，对专利项目进行科学合理评价，支持专利投融资工作有效开展。

2. 组织中介机构积极参与知识产权金融服务。引导知识产权评估、交易、担保、典当、拍卖、代理、法律及信息服务等机构进入知识产权金融服务市场，支持社会资本创办知识产权投融资经营和服务机构，加快形成多方参与的知识产权金融服务体系。

3. 完善企业和金融机构需求对接机制。开展知识产权金融服务需求调查，建立企业知识产权投融资项目数据库，搭建企业、金融机构和中介服务机构对接平台，定期举办知识产权项目推介会。

4. 加强知识产权金融服务专业机构及人才队伍建设。加大中介服务机构培育和人才培养工作力度，加快形成一批专业化、规范化、规模化的知识产权金融服务中介机构，造就一支具有较高专业素质的知识产权金融服务人才队伍，满足各地知识产权金融服务工作需求。

5. 加强经验交流和工作宣传。认真做好本地区工作总结，加强地区间经验交流，不断优化工作模式；积极发挥舆论宣传的导向作用，组织媒体对知识产权质押融资、投融资、专利保险等工作进行报道，并通过召开新闻发布会和宣讲会、政府网站设置专栏等形式，推广知识产权金融服务的政策、经验、成效及典型案例。

（五）强化知识产权金融服务工作保障机制

1. 完善工作协调机制。各地知识产权管理部门应加强与金融、财政、银监、保监等部门的沟通合作，建立工作协调机制，将知识产权系统在政策、信息、项目以及知识产权保护和服务等方面的优势与相关部门的资源优势有机结合，促进知识产权金融服务工作有效开展。

2. 加强政策落实和绩效评估。各地知识产权管理部门应会同相关部门对出台的政策措施落实情况及实施效果进行跟踪评估，切实发挥政策的导向作用。

3. 加强经费保障。各地要积极推动建立小微企业信贷风险补偿基金，对知识产权质押贷款提供重点支持；要加大经费投入，通过贴息、保费补贴、担保补贴、购买中介服务等多种形式，深入推动知识产权金融服务工作健康快速发展。

各地要根据本意见要求，制定实施方案，明确目标任务，扎实推进本地区知识产权金融服务工作，并定期向我局报送工作进展情况。

国家知识产权局

2015 年 3 月 30 日

附录五 国家标准委 国家知识产权局 关于发布《国家标准涉及专利的管理 规定（暂行）》的公告

（2013 年第 1 号）

为规范国家标准管理工作，鼓励创新和技术进步，促进国家标准合理采用新技术，保护社会公众和专利权人及相关权利人的合法权益，保障国家标准的有效实施，依据《中华人民共和国标准化法》《中华人民共和国专利法》和《国家标准管理办法》等相关法律法规和规章，国家标准化管理委员会、国家知识产权局制定了《国家标准涉及专利的管理规定（暂行）》。现予发布，自 2014 年 1 月 1 日起施行。

国家标准化管理委员会 国家知识产权局
2013 年 12 月 19 日

国家标准涉及专利的管理规定（暂行）

第一章 总 则

第一条 为规范国家标准管理工作，鼓励创新和技术进步，促进国家标准合理采用新技术，保护社会公众和专利权人及相关权利人的合法权益，保障国家标准的有效实施，依据《中华人民共和国标准化法》《中华人民共和国专利法》和《国家标准管理办法》等相关法律法规和规章制定本规定。

第二条 本规定适用于在制修订和实施国家标准过程中对国家标准涉及专利问题的处置。

第三条 本规定所称专利包括有效的专利和专利申请。

第四条 国家标准中涉及的专利应当是必要专利，即实施该项标准必不可少的专利。

第二章 专利信息的披露

第五条 在国家标准制修订的任何阶段，参与标准制修订的组织或者个人应当尽早向相关全国专业标准化技术委员会或者归口单位披露其拥有和知悉的必要专利，同时提供有关专利信息及相应证明材料，并对所提供证明材料的真实性负责。参与标准制定的组织或者个人未按要求披露其拥有的专利，违反诚实信用原则的，应当承担相应的法律责任。

第六条　鼓励没有参与国家标准制修订的组织或者个人在标准制修订的任何阶段披露其拥有和知悉的必要专利，同时将有关专利信息及相应证明材料提交给相关全国专业标准化技术委员会或者归口单位，并对所提供证明材料的真实性负责。

第七条　全国专业标准化技术委员会或者归口单位应当将其获得的专利信息尽早报送国家标准化管理委员会。

第八条　国家标准化管理委员会应当在涉及专利或者可能涉及专利的国家标准批准发布前，对标准草案全文和已知的专利信息进行公示，公示期为30天。任何组织或者个人可以将其知悉的其他专利信息书面通知国家标准化管理委员会。

第三章　专利实施许可

第九条　国家标准在制修订过程中涉及专利的，全国专业标准化技术委员会或者归口单位应当及时要求专利权人或者专利申请人作出专利实施许可声明。该声明应当由专利权人或者专利申请人在以下三项内容中选择一项：

（一）专利权人或者专利申请人同意在公平、合理、无歧视基础上，免费许可任何组织或者个人在实施该国家标准时实施其专利；

（二）专利权人或者专利申请人同意在公平、合理、无歧视基础上，收费许可任何组织或者个人在实施该国家标准时实施其专利；

（三）专利权人或者专利申请人不同意按照以上两种方式进行专利实施许可。

第十条　除强制性国家标准外，未获得专利权人或者专利申请人根据第九条第一项或者第二项规定作出的专利实施许可声明的，国家标准不得包括基于该专利的条款。

第十一条　涉及专利的国家标准草案报批时，全国专业标准化技术委员会或者归口单位应当同时向国家标准化管理委员会提交专利信息、证明材料和专利实施许可声明。除强制性国家标准外，涉及专利但未获得专利权人或者专利申请人根据第九条第一项或者第二项规定作出的专利实施许可声明的，国家标准草案不予批准发布。

第十二条　国家标准发布后，发现标准涉及专利但没有专利实施许可声明的，国家标准化管理委员会应当责成全国专业标准化技术委员会或者归口单位在规定时间内获得专利权人或者专利申请人作出的专利实施许可声明，并提交国家标准化管理委员会。除强制性国家标准外，未能在规定时间内获得专利权人或者专利申请人根据第九条第一项或者第二项规定作出的专利实施许可声明的，国家标准化管理委员会可以视情况暂停实施该国家标准，并责成相应的全国专业标准化技术委员会或者归口单位修订该标准。

第十三条 对于已经向全国专业标准化技术委员会或者归口单位提交实施许可声明的专利，专利权人或者专利申请人转让或者转移该专利时，应当事先告知受让人该专利实施许可声明的内容，并保证受让人同意受该专利实施许可声明的约束。

第四章 强制性国家标准涉及专利的特殊规定

第十四条 强制性国家标准一般不涉及专利。

第十五条 强制性国家标准确有必要涉及专利，且专利权人或者专利申请人拒绝作出第九条第一项或者第二项规定的专利实施许可声明的，应当由国家标准化管理委员会、国家知识产权局及相关部门和专利权人或者专利申请人协商专利处置办法。

第十六条 涉及专利或者可能涉及专利的强制性国家标准批准发布前，国家标准化管理委员会应当对标准草案全文和已知的专利信息进行公示，公示期为 30 天；依申请，公示期可以延长至 60 天。任何组织或者个人可以将其知悉的其他专利信息书面通知国家标准化管理委员会。

第五章 附 则

第十七条 国家标准中所涉及专利的实施许可及许可使用费问题，由标准使用人与专利权人或者专利申请人依据专利权人或者专利申请人作出的专利实施许可声明协商处理。

第十八条 等同采用国际标准化组织（ISO）和国际电工委员会（IEC）的国际标准制修订的国家标准，该国际标准中所涉及专利的实施许可声明同样适用于国家标准。

第十九条 在制修订国家标准过程中引用涉及专利的标准的，应当按照本规定第三章的规定重新要求专利权人或者专利申请人作出专利实施许可声明。

第二十条 制修订国家标准涉及专利的，专利信息披露和专利实施许可声明的具体程序依据《标准制定的特殊程序第 1 部分：涉及专利的标准》国家标准中有关规定执行。

第二十一条 国家标准文本有关专利信息的编写要求按照《标准化工作导则》国家标准中有关规定执行。

第二十二条 制修订行业标准和地方标准中涉及专利的，可以参照适用本规定。

第二十三条 本规定由国家标准化管理委员会和国家知识产权局负责解释。

第二十四条 本规定自 2014 年 1 月 1 日起施行。

附录六　专利实施许可合同备案办法

（国家知识产权局令第六十二号）

第一条　为了切实保护专利权，规范专利实施许可行为，促进专利权的运用，根据《中华人民共和国专利法》《中华人民共和国合同法》和相关法律法规，制定本办法。

第二条　国家知识产权局负责全国专利实施许可合同的备案工作。

第三条　专利实施许可的许可人应当是合法的专利权人或者其他权利人。

以共有的专利权订立专利实施许可合同的，除全体共有人另有约定或者《中华人民共和国专利法》另有规定的外，应当取得其他共有人的同意。

第四条　申请备案的专利实施许可合同应当以书面形式订立。

订立专利实施许可合同可以使用国家知识产权局统一制订的合同范本；采用其他合同文本的，应当符合《中华人民共和国合同法》的规定。

第五条　当事人应当自专利实施许可合同生效之日起3个月内办理备案手续。

第六条　在中国没有经常居所或者营业所的外国人、外国企业或者外国其他组织办理备案相关手续的，应当委托依法设立的专利代理机构办理。

中国单位或者个人办理备案相关手续的，可以委托依法设立的专利代理机构办理。

第七条　当事人可以通过邮寄、直接送交或者国家知识产权局规定的其他方式办理专利实施许可合同备案相关手续。

第八条　申请专利实施许可合同备案的，应当提交下列文件：

（一）许可人或者其委托的专利代理机构签字或者盖章的专利实施许可合同备案申请表；

（二）专利实施许可合同；

（三）双方当事人的身份证明；

（四）委托专利代理机构的，注明委托权限的委托书；

（五）其他需要提供的材料。

第九条　当事人提交的专利实施许可合同应当包括以下内容：

（一）当事人的姓名或者名称、地址；

（二）专利权项数以及每项专利权的名称、专利号、申请日、授权公告日；

（三）实施许可的种类和期限。

第十条　除身份证明外，当事人提交的其他各种文件应当使用中文。身份证明是外文的，当事人应当附送中文译文；未附送的，视为未提交。

第十一条　国家知识产权局自收到备案申请之日起 7 个工作日内进行审查并决定是否予以备案。

第十二条　备案申请经审查合格的，国家知识产权局应当向当事人出具《专利实施许可合同备案证明》。

备案申请有下列情形之一的，不予备案，并向当事人发送《专利实施许可合同不予备案通知书》：

（一）专利权已经终止或者被宣告无效的；

（二）许可人不是专利登记簿记载的专利权人或者有权授予许可的其他权利人的；

（三）专利实施许可合同不符合本办法第九条规定的；

（四）实施许可的期限超过专利权有效期的；

（五）共有专利权人违反法律规定或者约定订立专利实施许可合同的；

（六）专利权处于年费缴纳滞纳期的；

（七）因专利权的归属发生纠纷或者人民法院裁定对专利权采取保全措施，专利权的有关程序被中止的；

（八）同一专利实施许可合同重复申请备案的；

（九）专利权被质押的，但经质权人同意的除外；

（十）与已经备案的专利实施许可合同冲突的；

（十一）其他不应当予以备案的情形。

第十三条　专利实施许可合同备案后，国家知识产权局发现备案申请存在本办法第十二条第二款所列情形并且尚未消除的，应当撤销专利实施许可合同备案，并向当事人发出《撤销专利实施许可合同备案通知书》。

第十四条　专利实施许可合同备案的有关内容由国家知识产权局在专利登记簿上登记，并在专利公报上公告以下内容：许可人、被许可人、主分类号、专利号、申请日、授权公告日、实施许可的种类和期限、备案日期。

专利实施许可合同备案后变更、注销以及撤销的，国家知识产权局予以相应登记和公告。

第十五条　国家知识产权局建立专利实施许可合同备案数据库。公众可以查询专利实施许可合同备案的法律状态。

第十六条　当事人延长实施许可的期限的，应当在原实施许可的期限届满前 2 个月内，持变更协议、备案证明和其他有关文件向国家知识产权局办理备案变更手续。

变更专利实施许可合同其他内容的，参照前款规定办理。

第十七条　实施许可的期限届满或者提前解除专利实施许可合同的，当事人应当在期限届满或者订立解除协议后 30 日内持备案证明、解除协议和其他有关文件向国家知识产权局办理备案注销手续。

第十八条 经备案的专利实施许可合同涉及的专利权被宣告无效或者在期限届满前终止的，当事人应当及时办理备案注销手续。

第十九条 经备案的专利实施许可合同的种类、期限、许可使用费计算方法或者数额等，可以作为管理专利工作的部门对侵权赔偿数额进行调解的参照。

第二十条 当事人以专利申请实施许可合同申请备案的，参照本办法执行。

申请备案时，专利申请被驳回、撤回或者视为撤回的，不予备案。

第二十一条 当事人以专利申请实施许可合同申请备案的，专利申请被批准授予专利权后，当事人应当及时将专利申请实施许可合同名称及有关条款作相应变更；专利申请被驳回、撤回或者视为撤回的，当事人应当及时办理备案注销手续。

第二十二条 本办法自 2011 年 8 月 1 日起施行。2001 年 12 月 17 日国家知识产权局令第十八号发布的《专利实施许可合同备案管理办法》同时废止。

附录七　专利权质押登记办法

（国家知识产权局令第五十六号）

第一条　为了促进专利权的运用和资金融通，保障债权的实现，规范专利权质押登记，根据《中华人民共和国物权法》《中华人民共和国担保法》《中华人民共和国专利法》及有关规定，制定本办法。

第二条　国家知识产权局负责专利权质押登记工作。

第三条　以专利权出质的，出质人与质权人应当订立书面质押合同。

质押合同可以是单独订立的合同，也可以是主合同中的担保条款。

第四条　以共有的专利权出质的，除全体共有人另有约定的以外，应当取得其他共有人的同意。

第五条　在中国没有经常居所或者营业所的外国人、外国企业或者外国其他组织办理专利权质押登记手续的，应当委托依法设立的专利代理机构办理。

中国单位或者个人办理专利权质押登记手续的，可以委托依法设立的专利代理机构办理。

第六条　当事人可以通过邮寄、直接送交等方式办理专利权质押登记相关手续。

第七条　申请专利权质押登记的，当事人应当向国家知识产权局提交下列文件：

（一）出质人和质权人共同签字或者盖章的专利权质押登记申请表；

（二）专利权质押合同；

（三）双方当事人的身份证明；

（四）委托代理的，注明委托权限的委托书；

（五）其他需要提供的材料。

专利权经过资产评估的，当事人还应当提交资产评估报告。

除身份证明外，当事人提交的其他各种文件应当使用中文。身份证明是外文的，当事人应当附送中文译文；未附送的，视为未提交。

对于本条第一款和第二款规定的文件，当事人可以提交电子扫描件。

第八条　国家知识产权局收到当事人提交的质押登记申请文件后，应当通知申请人。

第九条 当事人提交的专利权质押合同应当包括以下与质押登记相关的内容：

（一）当事人的姓名或者名称、地址；

（二）被担保债权的种类和数额；

（三）债务人履行债务的期限；

（四）专利权项数以及每项专利权的名称、专利号、申请日、授权公告日；

（五）质押担保的范围。

第十条 除本办法第九条规定的事项外，当事人可以在专利权质押合同中约定下列事项：

（一）质押期间专利权年费的缴纳；

（二）质押期间专利权的转让、实施许可；

（三）质押期间专利权被宣告无效或者专利权归属发生变更时的处理；

（四）实现质权时，相关技术资料的交付。

第十一条 国家知识产权局自收到专利权质押登记申请文件之日起 7 个工作日内进行审查并决定是否予以登记。

第十二条 专利权质押登记申请经审查合格的，国家知识产权局在专利登记簿上予以登记，并向当事人发送《专利权质押登记通知书》。质权自国家知识产权局登记时设立。

经审查发现有下列情形之一的，国家知识产权局作出不予登记的决定，并向当事人发送《专利权质押不予登记通知书》：

（一）出质人与专利登记簿记载的专利权人不一致的；

（二）专利权已终止或者已被宣告无效的；

（三）专利申请尚未被授予专利权的；

（四）专利权处于年费缴纳滞纳期的；

（五）专利权已被启动无效宣告程序的；

（六）因专利权的归属发生纠纷或者人民法院裁定对专利权采取保全措施，专利权的质押手续被暂停办理的；

（七）债务人履行债务的期限超过专利权有效期的；

（八）质押合同约定在债务履行期届满质权人未受清偿时，专利权归质权人所有的；

（九）质押合同不符合本办法第九条规定的；

（十）以共有专利权出质但未取得全体共有人同意的；

（十一）专利权已被申请质押登记且处于质押期间的；

（十二）其他应当不予登记的情形。

第十三条 专利权质押期间，国家知识产权局发现质押登记存在本办法第十二条第二款所列情形并且尚未消除的，或者发现其他应当撤销专利权质押登记的情形的，应当撤销专利权质押登记，并向当事人发出《专利权质押登记撤销通知书》。

专利权质押登记被撤销的，质押登记的效力自始无效。

第十四条　国家知识产权局在专利公报上公告专利权质押登记的下列内容：出质人、质权人、主分类号、专利号、授权公告日、质押登记日等。

专利权质押登记后变更、注销的，国家知识产权局予以登记和公告。

第十五条　专利权质押期间，出质人未提交质权人同意其放弃该专利权的证明材料的，国家知识产权局不予办理专利权放弃手续。

第十六条　专利权质押期间，出质人未提交质权人同意转让或者许可实施该专利权的证明材料的，国家知识产权局不予办理专利权转让登记手续或者专利实施合同备案手续。

出质人转让或者许可他人实施出质的专利权的，出质人所得的转让费、许可费应当向质权人提前清偿债务或者提存。

第十七条　专利权质押期间，当事人的姓名或者名称、地址、被担保的主债权种类及数额或者质押担保的范围发生变更的，当事人应当自变更之日起 30 日内持变更协议、原《专利权质押登记通知书》和其他有关文件，向国家知识产权局办理专利权质押登记变更手续。

第十八条　有下列情形之一的，当事人应当持《专利权质押登记通知书》以及相关证明文件，向国家知识产权局办理质押登记注销手续：

（一）债务人按期履行债务或者出质人提前清偿所担保的债务的；

（二）质权已经实现的；

（三）质权人放弃质权的；

（四）因主合同无效、被撤销致使质押合同无效、被撤销的；

（五）法律规定质权消灭的其他情形。

国家知识产权局收到注销登记申请后，经审核，向当事人发出《专利权质押登记注销通知书》。专利权质押登记的效力自注销之日起终止。

第十九条　专利权在质押期间被宣告无效或者终止的，国家知识产权局应当通知质权人。

第二十条　专利权人没有按照规定缴纳已经质押的专利权的年费的，国家知识产权局应当在向专利权人发出缴费通知书的同时通知质权人。

第二十一条　本办法由国家知识产权局负责解释。

第二十二条　本办法自 2010 年 10 月 1 日起施行。1996 年 9 月 19 日中华人民共和国专利局令第八号发布的《专利权质押合同登记管理暂行办法》同时废止。

后　记

本书的编写历时 8 个多月，先后围绕题目研讨、提纲设想、案例构成、框架设计、统稿、点评等环节召开了 7 次讨论会，参与书稿撰写、点评及资料提供的涉及近 20 个单位的 40 多名人员。在整个书稿的编写过程中，大家都是利用业余时间，不计回报、积极热忱地参与进来，力争将最具代表性、最具推广借鉴意义、最为鲜活的专利转移转化案例呈现给读者。

在整个编写团队中，每位署名的编者都至少完整地完成了一章内容的撰写。除了扉页中署名编者的作者，还有很多幕后英雄，他们给予了诸多的帮助和关怀，没有他们的参与，本书不可能如此快速、高质量地完成。他们分别是提供案例资料的：中国科学院金属研究所雷浩、康凯璇，中国科学院过程工程研究所王勃，中国科学院大连化学物理研究所杜伟，大连理工大学郝涛，北京建筑材料科学研究总院有限公司研发部主任杨飞华，北京农林科学院林业果树研究所草莓组张运涛教授、钟传飞博士，中国国际经济合作投资公司技术合作部总经理夏文欢，英国诺丁汉大学陈政教授、George Rice、常乐，英国食品技术应用研究院 Margerett 教授，北京食品科学研究所所长郭宏，中国技术交易所张玉敏，知识产权出版社有限责任公司李文进，好运文化有限公司何汉中，中国航天科技集团公司经济合作部蔡田，中国兵器工业新技术推广研究所王毅，桂林电子科技大学王国富，采知科技（北京）有限公司李静等。

感谢北京思博知网科技有限公司 CEO 朱家群提供的帮助。

也要感谢林耕、杨旭日、鲍之冲、朱家群、邓一凡、鲍海宁、韩龙、王春光、王岩等业内专家给予的业务指导和大力支持。

还要感谢知识产权出版社有限责任公司的编辑和工作人员为本书的顺利出版所做的专业、细致的工作。

希望读者们能将本书的进一步完善建议和意见反馈给我们，以便我们再版时不断改进。